男孩百科

优秀男孩的自控妙方

彭凡 编著

管好自己我能行

化学工业出版社
·北京·

前言

自控力是什么？
是一副坚硬的盔甲，
帮你阻挡各种各样的诱惑，
也保护你不被一次次的困难打倒。

自控力是什么？
是一块醒目的警示牌，
在你迷茫、越矩，或犯错时出现，
警醒你，要时刻约束自己的行为。

自控力是什么？
是一束温和的月光，
抚平你冲动焦躁的情绪，
治愈你嫉妒、自卑、恐惧的内心。

自控力是什么？
是一颗闪耀的明星，

它能指引你前进的方向，
也提醒着你永远不要忘记初心。

每个男孩，都要为自己打造一副盔甲，
每个男孩，都要握紧手中警示牌，
每个男孩，都要心存一束月光，
每个男孩，都要头顶一颗明星。

人生的道路漫长艰辛，
只有管好自己，

才能成为最好的自己。

嘿！男孩！
赶快打开这本神奇的书吧！
79个妙趣横生的男孩小故事，

79个药到病除的自控小妙方，
帮你褪掉冲动、懒散、迷茫、浮躁的外衣，
教你成为自己的小主人！

目录

第一章　认识自我，控制自己的情绪

第二章　约束自我，管好你的行为

第三章 自我控制，收获成功的秘诀

第四章　专注和意志力，助你成为更棒的自己

人物介绍

袁浩：

这个男生自控力有点儿弱。他很想要管好自己，却对此完全没有头绪，这本书正好可以帮到他！

林蒙：

这是一个自控力很棒的男生哟！袁浩同学学习的好榜样。

周元：

无忧无虑、天性自由的男生。这样的他，天性不可弃，但还是要有一点儿自控力哟！

马克：

这个男生对自己要求很严格，可是似乎走入了一些“自控”的误区，亟待调整。

李琪琪：

一个活泼可爱的女生。

第一章 认识自我，控制自己的情绪

我是不是该反省了

放学后，袁浩回到家，气鼓鼓地坐在沙发上，一句话也不说。

妈妈不解地问：“怎么了？”

袁浩生气地说：“今天我和周元大吵了一架，还差点打起来了。周元真讨厌，特别爱捉弄人，我看不惯，就和他吵了起来……”

妈妈听后，皱着眉头问：“我一直听你说周元的错，难道你没有错吗？”

“我……我……”袁浩涨红了脸，支支吾吾，说不出话来。过了好一会儿，他才低声承认：“我也有不对的地方，我不该这么冲动。”

和别人发生争执，很多人首先都认为是对方的过错，却很少反省自己是不是也有不对的地方。一个巴掌拍不响，如果自己一点儿错也没有，又怎会任由矛盾激发呢？

和别人起争执，要敢于从自己的身上找原因；做事失败了，要学会看到自己不足的地方；与人交往时，问一问自己能否做到和善、真诚；经常反省自己，看清自己的缺点，才能让自己变得更加完美。

名人名言

★ 吾日三省吾身。——曾子

★ 反省是一面镜子，它能将我们的错误清清楚楚地照出来，使我们有改正的机会。——［德］海涅

★ 被人揭下面具是一种失败，自己揭下面具是一种胜利。——［法］雨果

我对自己的评价

今天，吴老师给大家上了一堂别开生面的课——认识自己。每个人都要到讲台上发言，说说自己有什么优点，又有哪些缺点。

最先发言的几位同学都说了自己的许多优点，对自己的缺点却一笔带过。谁愿意承认自己的缺点呢？这不是惹大家笑话嘛！

轮到周元时，周元幽默地说：“我的优点多得数不过来，比如长得帅、聪明、善良。嘿嘿，不过，我的缺点也有一箩筐……”

话还没说完，教室里就响起一阵哄笑声。

没想到，调皮的周元一点儿也不害羞，反而大大方方地将自己的缺点也说了出来。

连吴老师也忍不住赞扬道：“大家要像周元学习，敢于正视自己的优缺点，发扬自己的优点，增加自信。同时，坦诚地面对自己的缺点，并且改正……”

同学们听了吴老师的话，都在心里想：我的优点是什么呢？我的缺点是什么呢？

你能对自己做出客观的评价吗？将你对自己的评价写在下面吧！

不做变脸大王

一大早，周元高高兴兴地走进教室，可是，走到课桌边时，却发现自己摆得整整齐齐的书本不知道被谁撞得乱七八糟，心情瞬间变得很糟糕。

这时，袁浩走过来问：“周元，一起去吃早餐吗？”

没想到，周元凶巴巴地瞪了他一眼：“别烦我，我不去。”

袁浩奇怪了，周元刚刚还笑嘻嘻的，怎么才一眨眼的工夫，就一脸的不高兴呢？他变脸比变天还快呀！

想到这儿，袁浩吐了吐舌头，不敢再理他了。

其实，周元也很苦恼，他很容易被身边的环境和事情影响，也不知道怎么控制自己的坏脾气。你是不是也和周元一样“善变”呢？

每一个人都有自己的情绪。情绪的好坏直接影响到一个人的学习和生活。好情绪会令生活更加丰富多彩，坏情绪却会让生活黯然失色。所以，一定要学会控制自己的情绪，做自己情绪的主人。

远离情绪化，给自己的情绪充电

- 把让你感到不愉快的事情，坦诚地说出来吧。
- 亲近大自然，经常运动。
- 注意休息，积极乐观。
- 找到影响情绪的原因，把问题逐个击破。
- 合理地宣泄不良情绪。

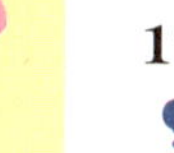

负面情绪的出口

上课时，周元在座位上说话，被班主任吴老师抓了个正着。下课后，吴老师把周元叫到办公室，严厉地批评了他。

回到教室后，好朋友袁浩走过来，关切地问："老师没罚你抄课文吧？"

周元刚刚挨了批评，正在气头上，听到袁浩说话，不管三七二十一，大吼道："老师有没有罚我，关你什么事？"

袁浩莫名其妙："又不是我害你被罚，你冲我发什么火？"说完，气冲冲地走了。

因为周元的一句气话，两个好朋友闹得不欢而散。周元后悔极了，不应冲好朋友发火呀，他又没做错什么。

发脾气也要注意场合和方式。消极的情绪得不到宣泄，或宣泄方式不合理，都会害人害己。

我们可不能像周元一样，生气了就把火气发到别人身上。这样伤害的不仅是自己，还会影响与朋友的情谊。所以，我们一定要学会在合适的场合，合理地宣泄自己的情绪。

方式转移

生气时不要为了一时的爽快，说出一些伤害别人的话。如果想要发泄心中的火气，可以选择其他的方式。比如去操场跑两圈，去篮球场打一场篮球，或者听听音乐，和朋友一起散散步、聊聊天，让情绪渐渐平静下来。

情境转移

生气的时候，对于那些看不惯的人和事，只会越看越生气，此时，你应该迅速从那些使你发怒的情境中抽离出来。

生气时从1数到10

课间，袁浩从厕所出来，发现林蒙正站在楼梯间，嘴里不知道在嘀咕些什么。袁浩好奇地走近一听，终于听明白了——林蒙正在数数呢！

“1、2、3、4……8、9、10，我不生气，我不生气……”

袁浩不明白了，好奇地问：“林蒙，你在干吗呢？”

林蒙解释道：“刚刚有个人撞了我一下，连声道歉也没说就走了，可把我气坏了。不过，我可不想因为这件事影响我的好心情，所以，我要从1数到10，让自己消消气，就当什么都没有发生过。”

袁浩恍然大悟：“你这个办法好。我以后生气了，也从1数到10，这样就不会乱发脾气了。”

人生气时，很容易说一些冲动的话，做一些冲动的事。等情绪稳定了，又觉得没什么大不了的，根本不值得生那么大的气。所以，生气时，给自己10秒钟的时间缓冲、冷静，想一想：有什么事值得自己生气的？生气有什么意义？生气的原因是什么？该怎样解决这件事……慢慢地，你会发现，大部分的愤怒都消失了。

生气时，请这样做

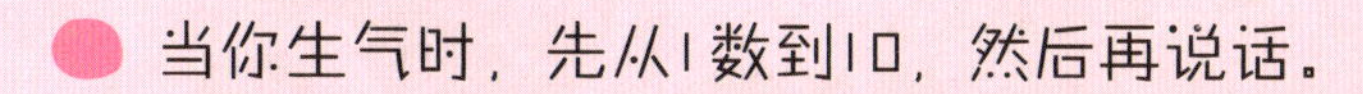

- 当你生气时，先从1数到10，然后再说话。

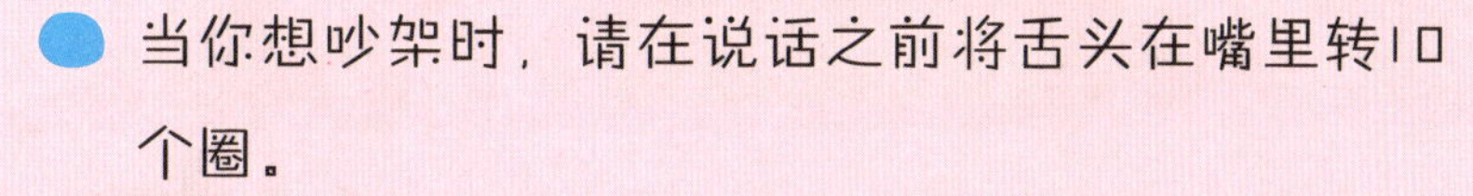

- 当你想吵架时，请在说话之前将舌头在嘴里转10个圈。
- 假如实在太生气了，那么就先离开“事发现场”，然后找个安静的地方从1数到100。

拳头真能解决问题吗？

“不好了，打架了！”

马克冲进教室，顾不上喘气，大叫道：“袁浩和周元打起来了！”

同学们一听，立刻冲到楼道。此时，袁浩和周元已经被围观的人拉开了。只见他俩灰头土脸，衣服也被拉扯得皱巴巴的，狼狈又尴尬。

袁浩满脸通红地瞪着周元。

周元气急败坏地大叫：“瞪什么瞪！讨厌鬼！”

袁浩不甘示弱地说：“你才是讨厌鬼！”

“你再说一遍！”

“讨厌鬼！”

说着，两人又要冲上去扭打，幸好被旁边的人拉住。

哎，难道男生之间发生争执，除了打架，就没有别的解决方法吗？也许有人会说：男生打架很正常。可是，我们仔细想一想，拳头真的能解决问题吗？它除了会让事情变得越来越糟糕之外，再也没有其他的用处。

男生解决问题的方式

- 心平气和地和对方讲道理。
- 讲不通道理时，就退避三舍。
- 与其打架弄得两败俱伤，还不如来一场比赛公平较量，比如篮球赛、百米赛跑……

用理智驾驭情绪

袁浩是一个急性子，爱冲动，他很想改掉这个坏毛病。于是，他去请教班主任吴老师，怎样才能克服自己的冲动。

吴老师告诉他：“以后每次你冲动做错事的时候，就在小黑板上钉上一颗图钉。每次当你克制住自己的冲动，就拔掉一颗图钉。”

小黑板上反复地被钉上图钉，又被拔下来。过了一段时间，小黑板上的图钉被一个个拔去了。但是，袁浩仍然不明白，吴老师让他这样做是为了什么呢？

吴老师说：“你看黑板上留下了什么？”

袁浩看着小黑板，上面留下了一个个图钉钉过的小洞。

冲动带给别人的伤害，就像这块小黑板上的小洞，即使你事后对别人道歉，或者做出补偿，在别人的心里也仍会留下伤痕。所以，当你冲动时，一定要三思而后行。

理智驾驭情绪“四不”法

◆ 不责备。遇事不一味地责备自己、责备别人，坏情绪就不会水涨船高啦！

◆ 不逃避。一时的逃避，坏情绪得不到根治，就像埋下了一枚可怕的定时炸弹，总有爆发的一天。所以，当下的问题当下解决，小麻烦就不会积累成大麻烦啦！

◆ 不悲观。所有糟糕的事往往不会比我们想的更遭。以乐观豁达的心态去面对，问题就会变得简单许多。

◆ 不钻牛角尖。事情过去了就过去了，不要将它背在身上成为沉重的负担。每一天都是新的开始，就让昨天的不良情绪随风而去吧！

战胜恐惧，很简单

真正让我们感到恐惧的，只是“恐惧”本身。——［美］罗斯福

国庆节，袁浩和爸爸妈妈一起到华山旅游。可是，三人爬到栈道时，袁浩突然停了下来。

爸爸妈妈有些不解：“怎么不走了？”

袁浩支支吾吾地说：“你……你们上去吧，我不去了。”

“为什么？”

袁浩看了看栈道，两侧都是悬崖峭壁，顿时脸色发白：“我……我……有点儿害怕。”

爸爸微笑着说：“如果你不从栈道走上去，就到不了山顶。”

袁浩不好意思地低下头，可不知道为什么，他就是不敢迈出第一步。

爸爸继续鼓励他：“不如你闭上眼走上去。看不到，就不会害怕了。”

有道理！袁浩立刻闭上眼。等走到栈道的中心时，爸爸又说："你现在睁开眼睛，看一看栈道的风景吧……"

在爸爸的鼓励下，袁浩慢慢地睁开眼睛。虽然他还是有些紧张，可是看着巍峨的群山、翻腾的云海、苍劲的松柏……心里别提有多激动了。

袁浩心中不由得感叹：不踏出第一步，怎么能看到如此美丽、壮阔的风景呢？

你有害怕的东西吗？恐高？害怕虫蛇？害怕考试？或者有社交恐惧症？每个人都有害怕的事情，如果一味地逃避，就永远无法战胜它。只有正视心中的恐惧，努力克服它，才能彻底地消灭它。

肯定自己的能力，不停地告诉自己："这对我来说不算什么。"

"开始"往往是最恐惧的，只要勇敢踏出第一步，接下来就能轻松应付。

联想战胜恐惧后的益处。想一想只要战胜恐惧，我们就能见到不曾见过的好风景，能收获不曾经历过的新鲜事，是不是瞬间充满了动力？

恐惧大多来源于未知。勇敢地面对恐惧，了解自己为什么恐惧，慢慢地减少恐惧心理，直到恐惧消失。

快乐是一种能力

林蒙笑着说："当班干部不仅能锻炼自己的领导能力，还能让自己学到许多课堂上学不到的东西，真是两全其美呀！"

面对生活上的不愉快，或学习的压力时，你是抱着什么样的心态呢？

当你像马克一样，只看到失去的东西时，快乐就会从你的指间溜走；当你像周元一样，只顾着攀爬高峰，沿途的美景就会从

你的眼前消失。

快乐是一种心态，也是一种能力。快乐不仅能让自己心情舒畅，还能感染身边的人。我们应该像袁浩和林蒙一样，在任何情况下都保持一颗快乐的心，这样才能大步走向前方，拥有更美好的人生。

保持快乐的秘诀：

面对考试、发言、学习等问题时，保持轻松、愉悦的心态，不仅能缓解紧张和压力，还能为筑建成功添砖加瓦！

无论什么事情，都有两面性，不要只看到糟糕的那一面，也要看到好的那一面。

谁说这一次失败了，下次就不会成功呢？只要我们看到自己的努力和进步，就会离成功越来越近！

自卑也是一种力量

林蒙不仅学习成绩优异，而且很擅长体育运动，尤其是乒乓球，还拿过全校比赛的第一名呢！

这天，体育课上，林蒙邀周元一起去打乒乓球。周元的技术不如林蒙，连续输了四五个球。

周元感觉有点儿抬不起头，自己好歹是体育委员呢，居然打不过林蒙。难道自己真的比他差吗？

想到这儿，自卑心悄悄地冒出了头。可是，周元却没有认输。

自卑的心理反而激发了他的斗志。他心想：一定要练好乒乓球，打败林蒙！就这样，周元开始苦练乒乓球，周末还会去体育馆上课。经过一段时间的训练，周元的球技有了很大提高。

在许多人看来，自卑，是一种消极的情绪，

会让人变得萎靡不振。但是，适当的自卑是生命的补液。自卑的人能对自己进行深刻剖析，对任何事都变得有所敬畏。聪明的人会把自卑转化为奋斗向前的力量，从而实现自我价值。

自卑的表现有哪些呢?

☆ 觉得自己处处比不上别人。

☆ 过分敏感，自尊心强。

☆ 容易情绪化。

- 找到自己的闪光点，在自卑中寻找自信，增加抗挫折能力。
- 不怨天尤人，脚踏实地地做事。
- 遭遇心理危机时，不独自面对，找亲朋好友倾诉，缓解心理压力。
- 任何事都有两面性，你可以选择痛苦，也可以选择快乐。所以，积极的想法和心态也能引导人走出困境。

我在嫉妒他吗？

林蒙代表班级参加了英语演讲比赛，拿到了第一名。同学们将林蒙团团围住，纷纷送上自己的祝福。

袁浩、周元和李琪琪，对林蒙充满了敬服和羡慕之情，因此发出了真心的赞扬。而马克却对林蒙产生了嫉妒心。一个充满嫉妒心的男生，是不是看起来一点儿也不帅气呢？你愿意和这样的男生做朋友吗？

嫉妒心是一种非常可怕的情绪。嫉妒，会使人感到自卑、焦虑、愤怒，心胸变得狭隘，甚至能导致朋友反目呢！

所以，当嫉妒在我们的心中萌芽时，我们应该赶紧提醒自己，及早将它铲除，不要让嫉妒蒙蔽了自己的双眼。

如何消除嫉妒心理？

- 不要总是和别人比较，要比就和自己比吧！
- 学会感恩。感谢并珍惜自己现在所拥有的一切。
- 公平竞争，化敌为友，向更优秀的人学习。
- 克服私心，提高修养。开阔自己的心胸，学会包容他人。
- 增强自信心，不断地学习，完善自己。

我能成功！

“我是一个聪明的人。”

“我在这一方面是出类拔萃的。”

“我的语言表达力很好。”

“我能取得成功。”

周元从厕所出来，发现林蒙正对着镜子夸自己，忍不住大笑：“林蒙，你怎么这么自恋呀？哈哈哈。”

林蒙却一本正经地说：“我这是在为一会儿的演讲做准备呢！”

林蒙通过对自己的激励和暗示，缓解了内心的紧张和压力，增强了自信心，使接下来的演讲进行得非常顺利。

不过，暗示也分积极和消极。选择积极的暗示，能帮助自己增强自信，一往无前；而选择消极的暗示，则会让自己越来越怯懦，甚至一蹶不振。因此，想拥有怎样的结果，全凭我们自己做怎样的抉择啦！

名人故事

迈克·帕伍艾鲁是美国的跳远名将。可是，在全美冠军赛上，帕伍艾鲁却以1厘米之差，遗憾地输给了65次获跳远冠军的卡尔·刘易斯。

后来，在世界田径锦标赛男子跳远比赛中，刘易斯以8.91米的成绩超过当时保持了23年之久的世界纪录1厘米。所有人都认为这个纪录无法超越了。但就在这时，帕伍艾鲁却在第5次试跳中，跃过了8.95米的距离，全世界为之震惊。

当接受媒体采访时，迈克·帕伍艾鲁说："每个人都说刘易斯是不可战胜的，世界纪录是不可能刷新的。但是，我坚持以'一定战胜刘易斯，一定打破纪录'来进行自我暗示，一直到今天获得成功。"

赶快融入新环境吧！

最近，班上转来了一位叫陆智言的新同学。可是，这位同学好像和谁都相处不来，同学们也都不爱搭理他。为此，陆智言也很苦恼，为什么自己不能很快融入新的班级呢？

“唉……”回到家，陆智言把书包扔在一边，坐在沙发上，长长地叹了一口气。

陆智言的妈妈关切地问：“怎么了？和新老师、新同学相处得好吗？”

陆智言愁眉苦脸地摇摇头，把自己的苦恼跟妈妈说了：“我

觉得同学们都不太接受我……”

妈妈听后，摇头说：“看样子，不是同学们不接受你，而是你需要提高自己的适应能力了。”

可是，陆智言迷茫地看着妈妈，心想：那我应该怎么做呢？

- 多多接触新同学，参与到大家的聊天和讨论中去。
- 积极参加集体活动，主动融入到新环境中去。
- 多多表现自己。想要让大家接纳自己，就先得把自己“推销”出去。
- 不断调整自己的心态，从正面、积极的一面看待周围的人和事。

不如换个角度想一想

这天，袁浩陪妈妈逛街，经过一间店铺时，一辆漂亮的蓝色折叠自行车吸引了袁浩的眼球。

他一直都想要一辆属于自己的折叠自行车！

“怎么不走了？”见袁浩不动，妈妈不解地问。

袁浩恳切地说：“妈妈，你能给我买一辆自行车吗？”

妈妈淡淡地说：“你会骑自行车吗？”

袁浩摇摇头。

“你现在年纪太小，不适合骑自行车上学，不安全。”妈妈继续说。

袁浩顿时泄气，郁闷极了。

回到家，袁浩拿出家庭作业，可是，他的脑海里却浮现出那辆崭新的自行车，哪里还有心思学习。

可是，袁浩转念一想：如果自己认真学习，取得优异成绩，说不定妈妈就会把自行车奖励给自己呢！想到这儿，袁浩的心情由阴天变成了大晴天！顿时有了动力，专心致志地投入到学习中去了。

学会换一种角度想问题，郁闷就会烟消云散，随之而来的则是轻松和快乐。

同学们是怎样理解“换一个角度看问题”的呢?

换一个角度看问题，就是面对失败，也不要轻易地放弃。把失败当作成功的垫脚石，在失败中获取经验和教训，这一次的失败，必定意味着下一次的成功!

遇到不懂的数学题，多换几种思路，一定能找到解答方法。

和朋友吵架时，不要只顾着生气，试着站在朋友的角度想一想。

顶嘴不是长大的标志

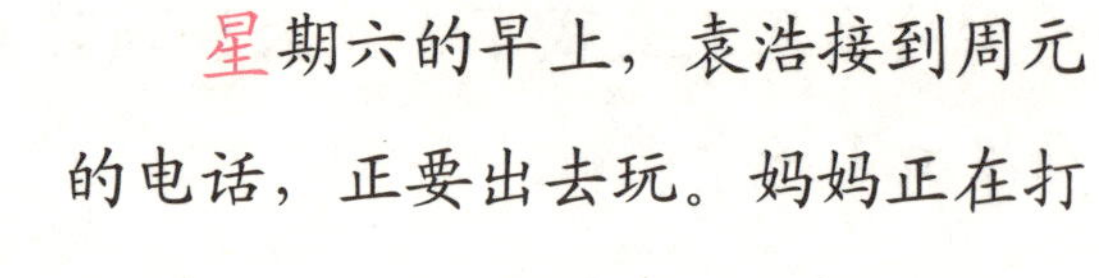

星期六的早上，袁浩接到周元的电话，正要出去玩。妈妈正在打扫卫生，见袁浩要出门，忙问：“昨天的作业都做完了吗？”

袁浩很不耐烦地说：“妈妈，我回来再写不行吗？”

“你先把作业做完了再出去玩，不是更好吗？”

听到这里，袁浩发起牢骚来：“又是作业，我又不是学习机器。”

妈妈停下手中的活，苦口婆心道：“浩浩，你这么说就不对了。你是学生，妈妈让你认真学习，难道不对吗？”

“妈妈，你真唠叨。每天都把学习挂在嘴边，能不能说点别的啊？”

“你——”妈妈气得瞪大眼睛，“还学会跟妈妈顶嘴了？”

当父母或老师强迫你去做自己不想做的事时，你是不是不愿意服从他们的命令，甚至控制不住自己的情绪，和他们顶嘴、吵闹呢？

一个人随着年龄的增长，心智越来越健全，逐渐明白了自己的喜好，对很多事情有了自己的见解和判断，所以学会了顶嘴。但是，顶嘴往往只能发泄我们心中的不满，并不能真正地解决问题。如果我们遇到让自己不满的事情，一味地顶嘴，不仅会使自己不开心，还会伤害最亲近的人。

顶嘴，表示我们离长大成熟还远着呢！

做一个听话的好孩子

- 控制自己的情绪。心平气和地表达自己的看法，只要有理、有依据，你的看法就能站稳脚跟。
- 先反省自己。如果确实是自己做得不对，就不该顶嘴，主动承认错误并及时改正才是正确的选择。
- 多沟通，多交流。把自己的想法委婉地告诉父母和老师，只有互相了解，才能和谐相处嘛！

别人的都是最好的吗？

一大早，马克走进教室，同桌李琪琪就凑过来，得意扬扬地说："马克，你知道不，我前天才说想学小提琴，我妈今天就带我去培训班报名了。"

马克瞪大了眼睛，羡慕极了。他一直都想学围棋，可是妈妈总说学习才是最重要的，现在不让他学，说是等暑假再说。唉，同学们都在上培训班，外语、美术、乐器、书法、排球……马克既羡慕又失落，为什么别人都能做自己喜欢的事情，自己却不能呢？

马克闷闷不乐地回到座位上。这时，他发现前排的林蒙顶着两只熊猫眼，愁眉苦脸的。他忍不住

问：“你怎么了？”

林蒙忍不住抱怨道：“昨天晚上我连着上了三个培训班，都快累死了。马上就要考试了，学习任务这么重，上了培训班，都没时间学习了。你不知道，昨天晚上十一点多我才写完作业呢！我真羡慕你！”

这么惨！马克突然觉得自己真幸福啊！每天写完作业，就能散步、看书……完全不用担心没时间学习，更不会被堆积如山的任务压得喘不过气……马克只顾着羡慕别人，却没想到自己也被别人羡慕着呢！以前总觉得别人的东西都是最好的，现在才发现，原来自己也有很多美好的东西，只是自己没有发现而已。

做一个知足的人

- 珍惜眼前所拥有的。
- 学会独立思考，自主决断。
- 不断地学习，开阔自己的视野，增长自己的见识。
- 任何事情都有两面性，不要片面地看事情，要学会分清好坏。

像爸妈那样对待自己

父母是如何对待我们的呢？一说起这个问题，大家的心中似乎总是浮现这样的场景：做错事时父母会批评，不听话时父母会责骂，顶嘴时父母会呵斥……

如果我们因为这些就去怨恨父母，那就大错特错了。

每当我们感到消极、郁闷时，父母会陪在我们身边；当我们身体不舒服时，父母会细心地照顾我们；当我们变得懒惰时，父母又会严格要求我们。

父母是世界上最关心我们的人，总是希望我们快乐地成长。如何让自己变成一个自控力超强的人呢？不如像父母那样安慰、监督、敦促、鼓励自己。

遇到下面这些情况时，像父母那样对待自己吧！

1.当偏离目标，意志消沉时

像父母一样安慰自己：“没关系，下次做好不就行了吗？努力去做的话，一定会成功的！”

2.当什么事都不想做，停滞不前时

像父母一样敦促自己：“不要放松对自己的要求，一鼓作气，坚持下去。绝不要中途退缩。”

3.当我们遭遇失败和挫折时

像父母一样鼓励自己：“打起精神来，不要轻易地被打倒。一次的失败不意味永远的失败。”

第二章

约束自我，管好你的行为

你能管住自己吗？

测试，下面的问题你只需要回答“是”或“否”。

1.你总是有节制地使用零花钱，而不是一下就花光。

2.即使是非常生气时，你也能保证自己不会大发脾气。

3.你的一日三餐很有规律。

4.你能合理安排自己的时间。

5.你不容易情绪化，是一个随和的人。

6.你能理性地把事情规划好。

7.面对紧急情况，很少惊慌失措。

8.能够按时、认真地完成作业。

9.即使老师没有布置任务，也会主动学习。

10.能控制自己玩电脑、看电视的时间。

上面的10条，如果你的答案中有5条及以上为“是”，那么恭喜你，你是一个管得住自己的人！你的自控力超强，一定要继续保持下去哟！

如果你的回答有一半以上是“否”，那么很遗憾，你还需要加强自己的自控力哟！

管好自己再管别人

上课铃响了，同学们纷纷回到教室，准备上课了。突然，周元从后门冲进来，坐在座位上，呼哧呼哧地喘气。

李琪琪忍不住说："你最近怎么老迟到呀？"

周元不好意思地摸摸头："唉，睡过头了……"

李琪琪接着说："迟到一两次也就算了，总是迟到不好吧。你不要觉得迟到是小事，要是养成了习惯，就不好……"

李琪琪像老师在教育学生一样说个不停，周元尴尬极了。

马克瞥了李琪琪一眼，淡淡地说："你前几天不是也迟到了好几

次吗？”

李琪琪脸一红，讪讪地不说话了。

如果你经常迟到，却还教育别人不要迟到了，那不是闹笑话吗？

如果你作为学习委员，自己的成绩下降了，那又如何督促其他同学学习呢？

如果你经常闯祸，又如何在别人闯祸时，指责别人呢？

所以，只有管好了自己，把自己变成一个优秀的人，才能管好别人，让别人信服。

我要管好我自己

- ★ 改正自己的缺点。
- ★ 不抄作业，考试时不作弊。
- ★ 上课不要迟到，不开小差。
- ★ 不熬夜，不赖床。
- ★ 做什么事都不要敷衍，更不能半途而废。
- ★ 不要动不动就生气。

管好你的身体

“你能管好自己的身体吗？”

也许有人要说：“我又不是医生，怎么管理自己的身体呢？”

想要锻炼自控力，首先就要管好自己，而管好自己的第一步，不就是要管理好自己的身体，让自己拥有强健的体魄、健康的身体吗？

如果连自己的身体都管理不好，又如何在做其他的事情时管好自己呢？

那么，想要管理好自己的身体应该怎么做呢？我们一起来听一听男孩们的建议吧！

袁浩：想要管理好身体，第一步就是讲卫生。一副乱糟糟、脏兮兮的模样，不仅会给人留下没活力、邋遢的印象，想必有时候自己也看不下去吧。

林蒙：要合理规划自己的作息时间，养成良好的饮食习惯。按时起床，不要熬夜；少吃零食，多喝水。这样才能保持身体的健康。

周云：每天都进行适当的运动，能使身体变得更强健，让身体充满活力。

只要我们养成良好的生活习惯，就能轻松管理好自己的身体。是不是很简单呢？赶紧行动起来吧！相信只要你能坚持下去，不久后，你不仅可以拥有一个健康的身体，还能拥有超强的自控力哟！

管好你的脚

周五放学后，袁浩背着书包，走在回家的路上。经过一个网吧时，袁浩听到网吧里传来“噼里啪啦”敲键盘、玩游戏的声音，顿时挪不动脚了。

这时，网吧里走出来一位中年大叔，看到袁浩，顿时眼前一亮：“小朋友，要上网吗？我们这儿有好多好玩的游戏呢！”

“可是，不是说未成年人禁止入内吗？……”袁浩有些犹豫，又有些心动。

中年大叔笑着说：“没关系，这里没人管的。”

袁浩心想：平时在家里，妈妈都不准他玩游戏。反正现在时间还早着，进去玩一会儿，妈妈不会发现的。可是，要是万一被发现了呢？结果一定很惨。

究竟进去，还是不进去呢？这可把袁浩难住了。

你遇到过这样的情况吗？如果你是袁浩，你会走进去吗？大街上，有很多地方都写着“未成年人禁止入内”，可是越是写着“不能进”的地方，吸引力反而越大，比如网吧。大家想一想，一旦我们迈进网吧的大门，很可能就会沉浸在游戏的世界中，不能自拔。

面对诱惑，我们一定要管好自己的脚，千万不要迈进去！

你能管好自己的脚吗？

- 管好自己的脚，不要踏进一些不适合学生去的场所，比如网吧、KTV等。
- 在作业还没做完之前，不要去操场踢球、玩耍。
- 等红绿灯时，管好自己的脚，做文明行人，为交通畅通出一份力。
- 另外，管好自己的脚，还包括不要在雪白的墙上留下自己的脚印。

管住你的嘴巴

朋友告诉周元一个秘密，千叮咛万嘱咐让他不要说出去。周元答应得好好的，可是，第二天这个秘密就“天下皆知”了。

周元还喜欢在背后抱怨别人，有时候被当事人逮个正着，还起了不少冲突呢！

在大家的眼里，周元就是一个不折不扣的“大嘴巴”。

俗话说“祸从口出”，周元的心眼并不坏，但是因为管不住自己的嘴巴，说话时不注意，给别人和自己带来了很多麻烦。

所以，我们说话时，一定要注意分寸和场合，还要知道什么话能说，什么话不能说，不能口无遮拦，什么话都往外冒，更不能在背后说人坏话。要是因此被贴上“大嘴巴”的标签，谁还乐意和你说话？谁还愿意和你做朋友呢？

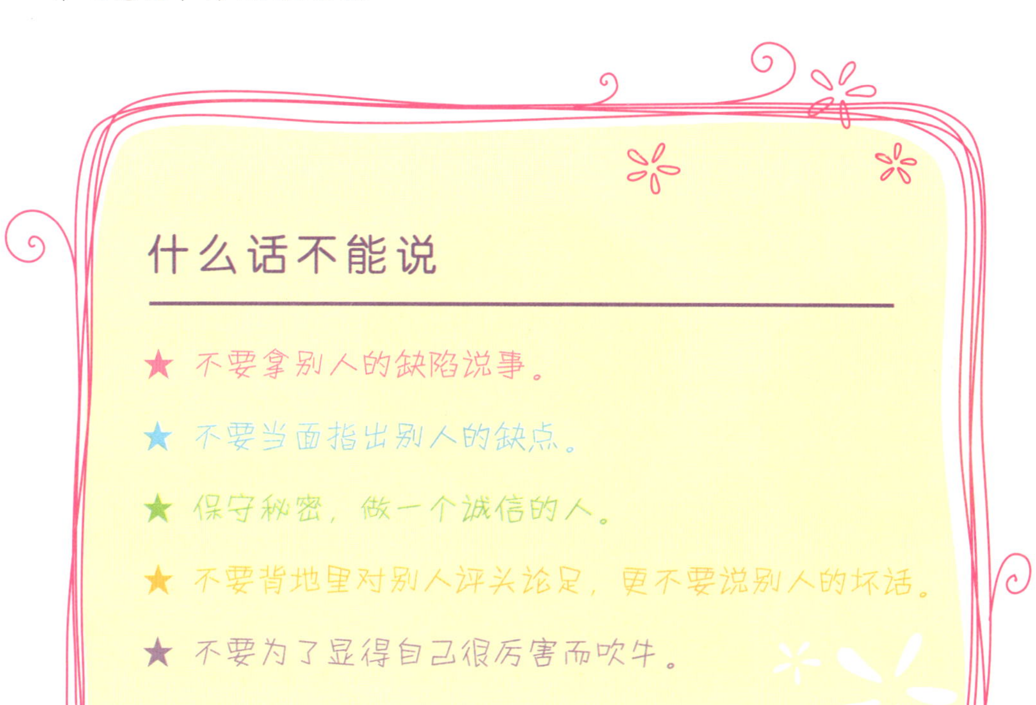

管好你的零花钱

周元买了一套新版的《哈利·波特》，袁浩羡慕极了："周元，这套书很贵吧？你妈妈对你真好！"

周元摇摇头："这不是我妈妈给我买的，而是我用自己的零花钱买的。"

袁浩十分惊讶："你哪儿来这么多零花钱啊？"

周元一脸自豪地回答道："我自己攒的，攒了几个月呢！"

袁浩更加羡慕周元了。

每天，妈妈都会给袁浩五元零花钱。可是，袁浩也不知道自己买了什么，零花钱总是很快就没了。别说攒钱了，有时候都不够花呢！

周元笑着说："我以前也跟你一

样，可现在，我买了一个记账本，把每天买了什么都记在本子上，渐渐地，我就知道了哪些钱是没必要花的，然后我就把这些钱攒了起来。”

听了周元的话，袁浩若有所思地点点头。很快，他也买了一个记账本……

	收入	支出	剩余
星期一	妈妈给我5元	零食3元	2元
星期二	5元	零食1元	4元
星期三	妈妈给我15元	买学习用品10元（买笔）	5元
…	…	…	…
总计	35元	20元	15元

要知道，管好自己的零花钱，也是自控力良好的一种表现呢！你还在为自己的零花钱不知去向而烦恼吗？赶紧像袁浩和周元一样，开始记账吧！

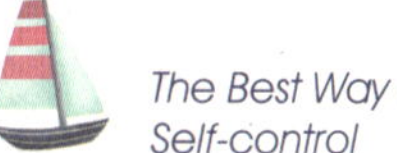

管好你的生活

你是怎么度过每一天的呢？我们先来看看袁浩的一天是怎么度过的吧。

早晨，闹钟已经响了很久，袁浩顶着两只熬夜后的“熊猫眼”，手忙脚乱地起床收拾。

“哎，还有一只袜子呢？”

“我的红领巾放哪儿了？”

“哎呀，牙膏泡沫弄到衣服上了！”

好不容易忙完了这些，时间也过去了一大半。

糟糕，要迟到了！袁浩赶紧从冰箱里拿出一盒牛奶和一片面包，边跑边吃。

等到了教室，袁浩还没缓过神，学习委员又来收作业了。袁浩这才发现，自己的作业本忘带了……

浑浑噩噩地上了一天课，终于熬到了放学，袁浩拖着疲惫的身体回到家。打开电脑，点进游戏，袁浩顿时又浑身上下充满了活力。

看样子，袁浩又要熬夜了……

袁浩的一天简直是一团糟啊！作为一个有梦想、有志向的男生，如果连自己的生活都一团糟，又怎能规划好自己的未来呢？

你愿意自己以后的每一天都这样度过吗？如果不想，就管好自己的生活吧！

如何管好自己的生活？

- 养成健康的饮食习惯。
- 不要熬夜，不要贪睡，作息时间要有规律。
- 把每一件事都安排好。
- 乐观、积极地面对每一分钟。

你会列清单吗？

周末，妈妈让袁浩去商店买一些东西。

“要买的东西很多，酱油、洗衣粉、沐浴露……我建议你列一张清单。”妈妈说。

“不用了，我都记住了。”袁浩不耐烦地摆摆手，出门了。

可是，等袁浩从超市回来，妈妈看着袁浩买的东西，顿时哭笑不得。

原来，袁浩把酱油买成了陈醋，沐浴露买成了洗发水，洗衣粉买成了肥皂……

妈妈无奈地说：“如果你听我的话，把要买的东西列一张清单，就不会出现这样的情况了。”

无论是在生活中，还是学习上，我们常常会遇到很多麻烦事。可是，事情一多，我们就不知道从哪儿下手，往往是做完这件事，就忘记了那件事。从哪儿做起？先做哪一件？应该怎么做？自控力差的人干脆选择放弃了。

遇到这样的状况，我们就应该像袁浩妈妈说的那样，列一张清单，把每天要做的事情记下来。

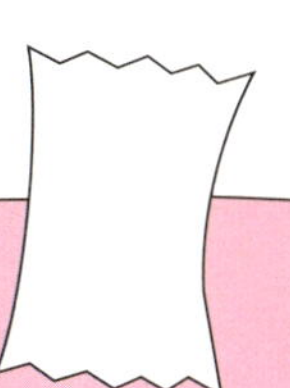

列清单要注意的事情

- 准备一个随身小本，把每天要做的事情按顺序写上去。每做完一件事，就在后面打一个小钩。
- 做事的时间越长，越容易失去耐心。所以最好把麻烦、复杂的事情放在前面做，把简单的事情放在最后做。
- 做好备注。清单上最好写清楚注意事项，比如做这件事需要多长的时间，应该注意什么等。

你能管好时间吗?

同学们总是抱怨学习任务太多，时间不够用。

这天，上课时，吴老师在桌子上放了一个罐子，往里面放满拳头大小的鹅卵石。

放完后，吴老师问：“你们看这个罐子满了吗？”

“满了。”同学们异口同声地回答。

接着，吴老师又拿出一些碎石子倒进罐子里，摇一摇，碎石子掉进鹅卵石之间的空隙……

“你们看，现在罐子满了吗？”

同学们有些迟疑。周元不确定地说：“这下应该满了吧。”

吴老师又拿出一袋沙子，倒进罐子里，细细的沙子顺着石头间的缝隙滑进了罐子里……

"现在这个罐子满了吗？"

"没有满！"大家学乖了，自信满满地回答。

"很好！"吴老师点点头，又问，"那罐子里还能放什么东西呢？"

同学们面面相觑，罐子差不多被填满，已经没有一丝缝隙，还能放什么东西进去呢？

这时，吴老师又拿出一杯水，缓缓地倒进罐子里，水渗透进沙石里，一滴也没剩下。

教室里鸦雀无声，吴老师笑着说："这只罐子的空间就好比我们的时间，我们总觉得时间不够用，不知不觉就会被填满，其实只要合理安排，认真管理，时间总会有的。"

时间管理小课堂

为什么别人一天能做很多事，而自己的时间却不够用呢？其实，每个人每天都只有24个小时，就看你怎么去安排、管理了。不要小看生活中那些点滴零碎的时间，充分利用起来，会有巨大收获哟！

明天不会来

看完电视再做作业吧。
玩完这一盘游戏再写作业。
biu biu
PSP
先把这集看完再说。
作业还是明天再说吧！
主人，我等你等得好辛苦呀！

袁浩有一句口头禅，就是“明天再说吧”。无论做什么事情，他总能想出各种各样的借口拖到明天。有诗云：“明日复明日，明日何其多。我生待明日，万事成蹉跎。”如果什么事都等到明天再做，而“明天”永远不会来，那得错过多少机会啊！

“立刻行动起来”才能解决拖延带来的困扰，让好习惯代替坏习惯。

- 将事情分出轻重缓急。当有一大堆事情摆在你面前时，先完成重要的事，再依次完成其他事。
- 如果所有事情都差不多重要，就先完成你最不想做的那件事吧！这样，余下的事情做起来就轻松啦。
- 从低起点到高起点。先设定一个小目标，在规定时间内完成这个目标后，再逐渐地加大挑战。
- 给自己制订一个拖延列表，在表格中记录自己不感兴趣的事情。一件一件慢慢地去完成，就能解决拖延带来的困扰。

别再沉迷网络啦！

周末，爸爸、妈妈要加班，临走前，妈妈交代袁浩，一定要把作业做完了，才能做其他的事情。

袁浩答应得好好的，可是，还没等爸爸、妈妈走远，他就立刻打开了电脑。袁浩目不转睛地玩着电脑，身边放着散乱的书和作业本："反正时间还来得及，先玩一盘游戏再说。"

玩着玩着，袁浩沉浸在游戏的世界里，忘记了时间。天渐渐暗下来，等袁浩从游戏中抬起头，这才想起，自己的作业还没做呢，要是被老妈发现了，一定会臭骂他一顿！

想到这儿，袁浩赶紧关掉电脑，胡乱把作业写完。

过了一会儿，爸爸、妈妈回来了。妈妈问："作业写完了吗？拿过来让我看看。"

袁浩忐忑不安地把作业本递给妈妈。果然，妈妈看着看着，脸就黑了："这是你做的作业？十道题错了五道，重做！"

袁浩叫苦不迭，心想：以后可千万不能这样了。

电脑不仅能听音乐、网上聊天、看电影，还能玩游戏、看漫画……电脑这么好玩，相信很多人在上网时，都容易沉迷其中吧！你是不是也和袁浩一样，上网时经常忘了时间呢？这说明你的自控力还需要锻炼哟！

快来看一看，同学们是怎么锻炼自己的自控力的吧！

我一般都是先把作业做完，再玩电脑，这样就不用担心忘了时间，还能放心去做其他的事情。

林蒙

我会严格要求自己，必须认真做完作业，否则，我就把网线拔掉，一个星期不打开电脑。

马克

我的自控能力不好，经常做错事。所以，在家时，我会请爸爸、妈妈监督我，如果做得不好，妈妈就会让我洗碗、拖地……

周元

我设定了一个闹钟。玩电脑时，每到一定的时间，闹钟就会响，提醒我不能再玩了。

李琪琪

打肿脸也要充胖子吗？

袁浩的生日快到了，可是，他却开心不起来。

早上，周元一进教室，就大声嚷嚷：“袁浩，听说你周末过生日，是不是应该举行一个生日派对，请全班同学参加呀？嘿嘿。”

几乎所有人都听到了周元的话。

“对呀对呀，袁浩，上次林蒙过生日，请我们全班吃蛋糕呢！”

“哈哈，太好了！袁浩，你放心，我一定会去的！”

“袁浩，你真的要办生日派对吗？”

如果办派对，爸爸、妈妈一定不允许。可是，如果拒绝，一定会招来大家的嘲笑，那多没面子啊！该怎么办呢？

想到这儿，袁浩脱口而出：“当然是真的，到时候欢迎大家来参加！”

回到家，袁浩来到书房，支支吾吾地把这件事告诉了爸爸，央求爸爸给他举办一个生日派对。

爸爸放下手里的书，语重心长地说：“你想举办派对，是为了过生日，还是为了面子呢？”

袁浩听了爸爸的话，羞愧地低下头，心里有了一个决定……

袁浩的决定到底是什么呢？我们听袁浩自己说一说吧！

第二天，我告诉同学们，我不举办生日派对了。虽然有点丢脸，但总比打肿脸充胖子好多啦！

不过，说出口的话，却不能兑现，终归不太好！所以，有了这一次的教训，下一次可千万别为了面子，夸下海口喽！

丢掉虚荣心

这次语文考试，袁浩的作文意外得了满分。老师当着全班念了他的作文，袁浩别提有多高兴了。

下课后，几个成绩好的同学围住他。

“你作文写得真好。”

“有什么诀窍，能教教我们吗？”

“满分作文呢！你太厉害了……”

听着大家赞扬和佩服的话，袁浩的虚荣心得到了很大的满足，不由得有点飘飘然了。

第二次语文测试时，袁浩信心满满，洋洋洒洒地完成“大作”，相信这次还能拿满分。可是，等试卷发下来，袁浩却傻眼了。别说满分了，居然连及格都没达到。

你是不是也和袁浩一样，听到别人对自己的夸奖，就有些飘飘然了，觉得自己很厉害呢？其实，这都是虚荣心在作怪。虚荣心会让我们产生骄傲的情绪，使我们停滞不前。

如何克服虚荣心呢?

1.正确对待荣誉。

我们所取得的成绩、成功、名誉等，都离不开刻苦和努力。如果总是沉浸在过去的荣誉里，那将很难进步。

2.要有自知之明。

我们不仅要看到自己的长处，还要看到自己的短处和不足。只有认清自己的实力，避免高估自己，才能克服虚荣心。

3.正确对待舆论。

在生活中，我们免不了被别人品头论足。对于别人说的话，我们要提高辨别能力，不要人云亦云，被舆论左右。

我的朋友自控力很差

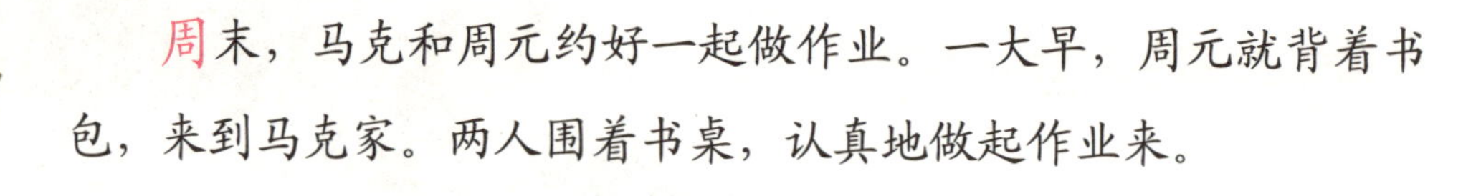

周末，马克和周元约好一起做作业。一大早，周元就背着书包，来到马克家。两人围着书桌，认真地做起作业来。

时钟上的秒针“滴答滴答”地转动，没多久，周元坐不住了，左顾右盼，动来动去，椅子被他晃得“吱吱”作响。正埋头认真写作业的马克，也被吵得不能集中注意力。

“马克，我们看一会儿电视吧。”周元建议。

马克摇摇头：“作业还没做完呢。”

过了一会儿，周元又说：“听说你买了新滑板？我们去楼下玩滑板吧！”

马克皱着眉头：“可是……”

话没说完，周元立刻打断他：“别可是了，

反正作业快做完了，我们就去玩一会儿吧。”

马克抵不住滑板的诱惑，只好答应周元。可是，两人玩着玩着，就忘了时间，等马克回过神，天都已经黑了……

第二天，马克和周元因为作业没能按时完成，被老师批评了一顿。

唉！早知道就不该听周元的话。马克在心里默默地发誓：以后一定要离周元远一点儿，不能让他再影响自己了。

你觉得马克的这种想法对吗？难道因为朋友的自控力差，就要远离他吗？

如果朋友的自控力很差，应该善意地提醒他，而不是排斥他，远离他。

如果两个人的自控力都很差，最好不要在一起学习，否则两个人互相影响，都会变得更拖拉。但是，这并不意味着不能和自控力差的人做朋友。

两人一起向自控力超强的人看齐。和朋友一起互相监督，共同进步。

其实没什么好比的

周末，五年级二班要开家长会。袁浩的妈妈穿了一套很普通的运动装，准备和袁浩出门了。可是，袁浩却拉住妈妈，说：“妈妈，你能不能打扮得时尚、漂亮一点呀？”

妈妈不明白了：“我是去开家长会，又不是参加晚会，打扮得漂亮有什么用呢？”

袁浩急了，连忙说：“有用有用！不然，同学们一定会笑话我的！”

原来，不知道从什么时候起，同学间流传着一个“辣妈排行榜”。每次开完家长会，同学们都会评选谁的妈妈更漂亮，谁的爸爸更年轻……而袁浩的妈妈只排在中等。

袁浩妈妈知道后，气得不知道说什么好。

其实，同学们之间，不仅会比谁的妈妈漂亮，还会比谁的家境更富有，谁买的文具更贵，谁的电脑更好……

哎……如果每样都和同学比，那还有时间学习吗？比得过别人，很容易产生骄傲、虚荣的心理；比不过别人，则会使自己变得自卑、心理失衡、不容易满足。不仅影响学业，还会影响身心健康地发展。

我们应该如何杜绝攀比心理呢？

- 树立正确的消费观念，防止盲目消费、跟风消费。
- 保持平常心，时刻清醒地认识自己、控制自己。
- 考虑问题从现实出发。不要跟着感觉走，目标要实际，做一个务实的人。
- 正确、积极的攀比会使人充满前进的动力。比如比学习、比健康、比勤俭节约等。

“可怕”的新鲜感

最近，袁浩迷上了打网球，他央求妈妈给他报了一个网球班。

妈妈不解地问：“你前段时间不是想学乒乓球吗？”

袁浩摆摆手，说：“我现在发现网球才是我的最爱。妈妈，你就答应我吧！”

妈妈拗不过袁浩，只好给他报了一个网球培训班。刚开始，袁浩还兴致勃勃地去练网球，可是没两天，袁浩的新鲜感过去了，对网球就没了热情。

袁浩躺在床上，抱怨个不停：“网球怎么这么难呢？我现在手也酸，脚也痛，再也不想去上网球课了……”

其实，袁浩无论做什么事情，都是“三天打鱼，两天晒网”。比如学乒乓球，刚学会发球，就把球拍扔到了一边；参加学校的英语角活动，去了两次就不去了；学习书法，才练了三节课，就把毛笔收了起来……到头来，袁浩既没有练好乒乓球，也没学好英语，书法更是差劲。

我们很容易对一件事物产生兴趣，如果总是像袁浩一样只有“三分钟热度”，等兴致过了就不学了，那我们将什么都学不会，更别说取得成绩了。

想做好一件事，光凭新鲜感是不够的。所以，我们一定要控制自己，不要被“新鲜感”所迷惑，一定要对这件事有充分的准备和了解，确定自己真的感兴趣，再行动。并且，一旦行动，无论遇到什么困难，都要坚持不懈，绝不放弃。

如何克服“三分钟热度”？

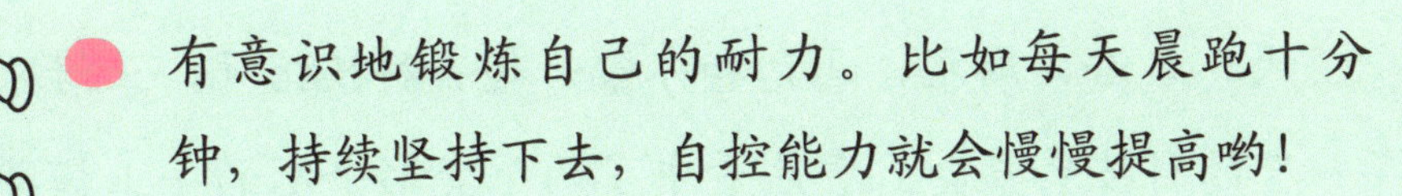

- 有意识地锻炼自己的耐力。比如每天晨跑十分钟，持续坚持下去，自控能力就会慢慢提高哟！
- 从身边的点滴小事培养坚持的习惯。
- 做事情要“三思而后行”“不打无准备的仗”。
- 做事不要急于求成，要一步一步慢慢来。比如看一本书，不要急着一次性看完，每天读一点，养成每天读书的好习惯。

自己做决定吧！

这天，袁浩、周元、马克和林蒙一起去科技馆玩，正好碰上一年一度的科技展览会。袁浩看中了两个变形金刚的手工模型，可是，他的零花钱只够买其中的一个。到底买哪个好呢？

周元提议道：“我觉得擎天柱的模型好，个头大，多划算呀！”

可是，马克却说：“我觉得威震天更好，还能变身呢！”

两人各执一词，袁浩觉得都有道理，挠挠头，困惑地问：“那我到底买哪个？”

“擎天柱！”

“威震天！”

周元和马克两人互不相让。

袁浩顿时一个头两个大：“我到底该听谁的呢？”

一旁的林蒙笑了笑，用手指着袁浩说：“你应该听你自己的想法。”

自己的想法？袁浩仔细想了想，其实，擎天柱模型并没有什么特别之处，而威震天模型虽然能够变身，但是体积太小。上个月爸爸才买了一套模型，再买新的就太浪费了。而且，如果自己买了玩具，这个月的零花钱就没了……

最后，袁浩决定两个都不买。

在生活中，我们常常遇到这样的情况，当自己拿不定主意时，会忍不住问别人。然而，别人往往也是根据他们个人的喜好做决定，这样的决定可能并不是最适合自己的，到头来还是拿不定主意。更重要的是，凡事不经过自己的思考，都等着别人做抉择，会使我们的决策力大大下降。

一句话的道理：别人能给自己的永远只是建议，最终做决定的永远是自己。

睡到自然醒

睡懒觉是周元的一大嗜好。上学的时候，最让周元痛苦的就是起床，每天早上，妈妈都要“三催四请”，他才会慢腾腾地从床上爬起来。如果哪一天他自己主动早起，那真是太阳打西边出来了。

每到周末，周元就非常高兴，为什么呢？因为又可以睡懒觉了呀！

这个星期六，周元严格遵守“睡觉标准”：晚睡晚起，睡到自然醒。直到中午12点多，周元才依依不舍地从床上爬起来。

可是，不起床不要紧，周元一起床，顿时眼前发黑，全身无力，差点摔了一跤。一出门见到阳光，他就觉得头痛欲裂。

周元心里直打鼓：自己不会得了什么绝症吧？

他赶紧让妈妈带自己到医院检查。没想到，到了医院，医生却说："你没病，就是睡得太多了。再这样睡下去，没病也睡出病来了。"

你是不是也和周元一样爱睡懒觉呢？不可否认，睡懒觉是一件让人开心的事情，但是，如果快乐的由来是因为我们的"懒惰"，那这样的快乐有什么意义呢？更何况，如果我们连早起都做不到，又何谈锻炼自控力呢？

小知识

爱睡懒觉的同学可要注意啦！虽然睡眠是最好的休息方式，但这并不代表睡眠时间越长越好。如果睡眠时间过长，超过了身体的需要，对身体是有害无益的。标准的睡眠时间为每天8~10个小时。

必须有人监督吗？

“丁零零……”晨读课的铃声响起，同学们纷纷走进教室，拿出书本，准备早读了。可是，英语老师却迟迟没有出现。

周元暗暗高兴，心想：太好了，我可以想干啥就干啥了。然后，他拿出了自己偷偷带来的漫画书……

教室里喧闹声不断，有的人转过头和后排的人聊天，有的人拿出课外书看起来，还有的人戴上耳机哼起了歌……

班长林蒙走上讲台，用英语书将讲台敲得“砰砰”作响，说：“不要吵了，请大家自觉一点！”

可是，没有一个人理他。正当林蒙不知所措时，教室门口突然出现了一个身影——英语老师来了！

大家看到英语老师黑着脸站在门口，赶紧安静下来，教室里顿时鸦雀无声。片刻，教室里就响起了琅琅的读书声。

生活中，我们也常常遇到这样的事情。当老师在时，就认真听话地学习；只要老师一转身，就松了一口气，立刻变得懒散起来。

可是，如果只有在老师的监督下才会学习，从不自觉主动，那我们学习究竟是为了自己，还是为了老师呢？

- 不要把学习当成负担，找到学习中的乐趣，就能化被动为主动，自主学习啦！
- 做事之前，先弄清楚自己的目的。不要别人说什么就做什么，主动给自己找事情做。
- 严格要求自己，给自己制订合理的计划，有计划地学习。

我有责任心

一个人若是没有热情，他将一事无成。而热情的基点正是责任心。——［俄］托尔斯泰

平时，周元是一个非常调皮的人。迟到、早退、上课睡觉……他的“英雄事迹”简直数也数不清。可是，前段时间，周元当上了科代表，上课就再也不迟到、不睡觉了。每次都是头一个交作业，做题正确率也非常高。上次考试，周元一下子前进了五六名……这不仅让同学们对他刮目相看，连老师也夸他进步很快呢。

周元为什么突然转变了呢？我们来听听周元自己怎么说！

周元：试想一下，如果连科代表自己的成绩都很差，那同学们又怎么会好好学习呢？如果上课时连科代表都在讲话，那教室里不就一团糟了吗？如果连科代表都迟到，那还有纪律可言吗？所以，我既然成为了科代表，就一定要对自己负责，对科代表这个职位负责，对同学和老师负责。认真做好自己的工作，积极配合老师，遵守教学秩序，成为同学们的好榜样！

周元的话是不是让人想为他鼓掌呢？他真是一个有责任心的好孩子呀！我们也应该向他学习！

如何培养自己的责任心？

- 首先要认识到自己的责任，比如对学习、对自己、对爸妈的责任是什么。
- 对自己的事情负责，努力做好每一件自己应该做的事情。
- 主动去做一些自己力所能及的事。比如主动帮妈妈做家务。
- 犯了错，敢于自己承担。
- 信守承诺，承诺的事情，就一定要做到。

三思而后行

周末，袁浩拿着妈妈给的零花钱，来到新华书店，准备买几本辅导书。一排排书架分门别类，摆满了书籍，看得人眼花缭乱。

袁浩来到摆放辅导书的区域，《状元笔记》《倍速学习》《概念作文》《尖子生学案》……花花绿绿、五花八门的辅导书，袁浩根本不知道买哪一本好，挑了这本又看上那本，选了那本又想要另一本……最后，袁浩一口气买了五本教辅书。

回到家，妈妈看到袁浩买的一堆书，气不打一处来："你看这两本内容都差不多，买一本就好了。你再看那本，印刷粗糙，还有错别字。还有另一本，明明是初中生用的……"

袁浩顿时有些郁闷，书店里那么多辅导书，让他挑花了眼，哪里还会仔细查看呢？

我们无论做什么事情，都不能像袁浩买书一样，冲动地做决定。子曰："三思而后行。"做事情之前，一定要经过再三思考，这样才能避免不必要的麻烦，提高做事的效率。这也是锻炼自控力的好方法哟！

做事情之前应该思考什么？

- 思考应该怎么做好这件事。
- 思考做这件事的目的是什么。
- 思考这样做会有什么样的结果。

不做“小皇帝”

周元是家中的“小皇帝”，爸爸、妈妈都依着他，所以，周元想要什么就有什么。

这天，班上的一位同学买了一款限量版的篮球鞋，周元一眼就喜欢上了。回到家，他立刻让爸爸、妈妈给自己也买一双。

爸爸、妈妈都傻眼了，既然是限量版的篮球鞋，哪里能买到呢？而且一定不便宜吧！

“不如给你买别的篮球鞋吧？”妈妈建议。

可是，周元却不依不饶，还发起了脾气：“不行，我就要这一双！”

没办法，爸爸、妈妈只好托人从外地给他买了一双一模一样的鞋子。

也许有人会说：“周元真幸福呀，我真羡慕他。”可是，“小皇帝”周元并不能真的想干吗就干吗。比如考试不及格，能要求老师改分数吗？上课迟到了，能让老师把上课时间推迟吗？

如果喜欢一样东西，就必须要得到，如果总是随心所欲地做任何事情，那岂不成了一个霸道无理的人了吗？

如果你也和周元一样，那就赶快改掉这个任性的毛病吧！

我不做小皇帝！

- 自己的事情自己做，不要总是依赖爸爸、妈妈。
- 不要把爸爸、妈妈当成提款机。
- 靠自己的劳动和努力获得想要的东西。
- 不要任性地向爸爸、妈妈提过分的要求。

第二章

自我控制，收获成功的秘诀

你老是半途而废吗？

林蒙和周元的性格完全相反。周元是敢想敢做的“行动派”，比如他一边说着“我们去骑自行车吧”，一边就骑上自行车准备出发了。可是，周元往往开始做得很好，结尾却经常草草了事，把事情搞得一团糟，或者干脆半途而废，最后不了了之。

林蒙是冷静的“思考派”。做事情之前，会经过很多的思考和盘算。当林蒙决定做某件事情后，绝不会半途而废，而且很少出错。

如果做事情只有开头，没有结尾，有什么不好的影响呢？

整件事变得没有任何意义。

跑步时只跑了一半就停下，就是弃权，就等于没有跑；考试时做到一半就放弃，就不会取得好成绩，更不会有好名次。

变成一个没有耐性的人。

因为一点点疲惫、厌烦的情绪就放弃的人，怎么能把自己的人生规划好呢？

失去别人的信任。

会被贴上“这个人做什么都做不到最后，不值得托付和信任”的标签。

将事情负责任地做到最后，这是我们自控力良好的表现，更是成熟的表现。从小就培养这种习惯，长大后一定会成为一个了不起的人。

先把小事做好吧！

袁浩正在爸爸的书房里练习书法，突然，他皱着眉头，把毛笔扔到一边，气呼呼地说：“不写了，不写了，烦死了！”

在一旁看书的爸爸放下手里的书，问：“怎么了？”

袁浩皱着眉头：“我已经连续写了一个星期的‘点’‘横’‘竖’‘撇’‘捺’，真没意思！什么时候才能开始写毛笔字？”

爸爸摇摇头说：“你要明白，每个字都是由这些简单的‘点’‘横’‘竖’‘撇’‘捺’组成的。如果你不练好这些，怎么能写好一个完整的字呢？”

生活中的很多事情就像练习毛笔字一样，大事往往是由许多件小事组成的。一个只想做大事，却忽略小事的人，是不会成功的。

每个人都有远大的理想，有的人想成为作家，有的人想成为数学家，有的人想成为科学家……可是，面对老师布置的周记、作文、课外阅读，你认真地完成了吗？面对一个个枯燥乏味的数学公式，你有耐心背熟它们，并且了解其中的原理吗？面对一次次实验的失败，你能坚持下去吗？

只有将一件件小事做到最出色，才能一步步挖掘出自己巨大的潜能，使自己变得越来越强大、越来越能干；才有能力去做更大、更重要的事情。也只有这样的人，才会被幸运之神眷顾。

成功金律

被称为“全球第一CEO”的杰克·韦尔奇曾说过：“一件简单的事情，反映出来的是一个人的责任心。工作中的一些细节，唯有那些心中装着大责任的人能够发现，能够做好。”由此可见，“先把小事做好”的确是“做大事”的重要前提。

我要坐前排

你喜欢坐在前排吗？在同学们的印象中，坐在前排似乎并不是一件让人愉快的事儿。其实，大家都只看到坐在前排的坏处，却没看到坐在前排的好处……

在老师严厉的目光的扫视下，自控力一向很差的袁浩，听课时更专注了。

马克和李琪琪再也不说小话了，讨论问题时非常积极。

不爱听课的周元，经常会举手回答老师的问题。

……

可见，坐在前排虽然有一些“坏处”，但最终会给我们带来好的影响。

其实，“坐在前排”不仅仅是指坐在教室的第一排，还代表着一种积极的人生态度：如果你想成功，就必须力争上游。同时，还要学会接受在这个过程中遇到的困难和挫折，尽自己最大的努力，走到别人前面去。

想要拥有非凡的成就，需要拥有非凡的意志和勇气。需要严格地要求自己，为自己确定一个规则。要知道，你的态度决定了你的高度。

如果你在学习上是一个自控力差的人，那就试着“坐到前排”去吧！

向着目标，前进！

林蒙学了一学期的小提琴。可是，他学小提琴时并不像学习时那样用功，因为林蒙认为：学习文化知识能帮他成为一个学识渊博、有能力的人，可是学小提琴能带给他什么呢？

这天，林蒙的爸爸、妈妈带着他来到剧院，听一位知名小提琴家的演奏会。舞台的灯光聚集在小提琴家的身上，音乐响起了……小提琴独特的音色汇聚成一个个美妙的音符，在大厅中回荡，时而悠扬，时而磅礴，时而欢快……

林蒙沉醉在这迷人的音乐声中，直到掌声响起！

林蒙的心情久久不能平静。他心想：也许自己不会成为世界闻名的小提琴家，但是，如果有朝一日也能穿上黑色的燕尾服，站在舞台的中央演奏，那该多好啊！

林蒙在心中为自己设定了一个目标——一定要学好小提琴。

此后，林蒙学琴时更努力、更专注了，相比之前，他取得了很大的进步！而且，他还报名参加了校园晚会的独奏演出！

如果林蒙没有为自己设定目标，那么他依旧不会用心学习小提琴，很有可能会中途放弃。可见，目标对人有着很大的激励和影响作用。

所以，给自己设定一个目标，朝着这个目标前进吧！

目标能让你获得什么？

- 有了目标，就有了努力的方向。
- 让你获得为了实现目标而努力时的充实感。
- 获得进步所带来的喜悦。
- 朝着更高的目标前进时的自豪和期盼。

目标分解法

其实，袁浩希望考上复旦大学的目标，并不是做白日梦。只是袁浩现在还在读小学，离他考大学还有很多年呢。所以这个目标听上去太遥远，太难实现。

有时候，目标定得太大，反而会让人感到灰心。所以，袁浩又给自己设定了中期目标和短期目标：

袁浩的目标手册

长期目标	考上市里 最好的中学	通过 钢琴等级考试	和外国人 无障碍地交流
中期目标	期中考试 考进前十名	学会弹一首曲子	英语成绩争取 突破90分
短期目标	每天把笔记做好	每天练琴一个小时	每天记20个单词

马拉松比赛全程约42千米，运动员们是怎么跑完的呢？如果把目标设定在终点，那得跑多少个小时啊！如果把马拉松的路程分成一小段一小段的距离，比如，这次的目标是前方的建筑物，下一次要跑到垃圾箱旁边……这样听上去，是不是容易了很多呢？

所以，我们一定要学会分解目标，只要脚踏实地，一个目标一个目标地完成，总有一天会实现最终的目标！请你给自己设定好目标吧！

长期目标			
中期目标			
短期目标			

事情做得又好又快

不知道为什么，袁浩的做事效率总是很低。比如做作业时，写一篇作文明明只要1个小时，他往往要写2个小时；家庭作业本来30分钟就能写完，他却需要1个小时。前天，老师要求大家在下课之前把一首诗背诵下来，别的同学都会背了，可袁浩一直背不下来，老师只得罚他把这首诗抄写了10遍。

袁浩心里默默地发誓，一定要加快自己做事的速度。可是，速度加快了，新的问题又出现了：当他用1个小时写完作文时，却发现作文里出现了许多错别字和语病；当他用半个小时写完作业时，发现很多题目都出了错。

袁浩郁闷极了！唉！有没有什么诀窍，能把事情完成得又好又快呢？

★ **事前做准备。**准备充分，做事时就不会手忙脚乱，效率自然更高啦！

★ **条理清楚。**先做什么后做什么，一一在脑海里排列清楚，使事情进展得更顺畅。

★ **一心一意做一件事。**不要这件事没做完，又想着去做另一件事。

★ **规定每一件事情完成的时间。**

★ **高效做事的帕累托法则：**要想面面俱到还不如重点突破。

高效做事的帕累托法则

经济学家帕累托认为，在一组东西中，最重要的部分只占20%，余下的80%是次要的，这也被称为“二八定律”。要知道，一个人的时间和精力都是有限的，要想真正“做好每一件事情”几乎是不可能的，所以，要学会合理地分配时间和精力，避免将时间和精力花费在琐事上，把80%的精力和时间用在最重要的20%的事情上，就会取得事半功倍的效果哟！

行动起来吧！

在学习和生活中，我们往往会制订很多计划和目标。可是，袁浩发现，即使制订了计划和目标，也很难去完成，这是为什么呢？

一方面，是因为计划和目标制订得不够完善，超出了我们的能力范围。但是，更重要的原因却是自身意志力不够坚定，做事拖拉，没有耐心，总是抱着“明天再做”的想法。如此一来，即使再完美的计划，也很难取得好的结果。

所以，当你发现自己无法完成设定的计划时，一定要提高警惕，赶紧找到适合自己的办法，消除自身的怠惰吧！

自控力很差的人：

往往无法单独完成计划。所以，最好先请爸爸、妈妈或同学监督！等慢慢养成良好的习惯后，再脱离别人的监督，尝试着独立自主地完成计划。

自控力有点儿差的人：

原本只要严格要求自己，就能轻松完成计划，却经常给自己找各种各样的借口。最好的方法是给自己制定奖罚制度，比如，如果没有完成计划，就要扫一个月的厕所！听起来还是完成计划比较轻松啊！

自控力一般的人：

这样的人只要稍微要求自己，就能很好地完成计划啦。如果你是这样的人，不要松懈，让自己变得更强大吧！

自控力超强的人：

恭喜你，你能坚决执行计划，继续保持下去哟！

对照上面的选项，想一想，你是属于哪一类呢？

我要实事求是

“我的目标是考全年级第一名！”周元信誓旦旦地说。

可是，离考试只有两天的时间了，对于成绩只处于班级中游水平的周元来说，这个目标简直是“天方夜谭”。

“我要在校园晚会上弹肖邦的《夜曲》。”袁浩信心满满地说。

可是，对于学钢琴没多久、还只会基本指法的袁浩来说，这根本就不可能完成！

每个人都有远大的目标。可是，目标定得太高，不容易实现，反而会打击我们的积极性。

所以，我们要根据自己的能力和实际情况安排计划。如果为了取得成功，过分地苛求自己，或夸大自己的能力，反而会适得其反，给自己带来很多不必要的压力。

成功的道路漫长而艰难，只有实事求是，尽自己所能，做好自己应该做的事情，才能一步步走向成功。

实事求是的生活态度

- 知之为知之，不知为不知。
- 目标是定给自己去实现的，而不是定给别人看的。别为了获得别人的肯定，而定下超出自己能力范围的目标，把自己搞得很累。
- 目标定下后，先尽自己最大的努力去实现，发现目标有问题，要及时调整，千万不要一意孤行。

计划又被打乱了吗？

吃过晚饭，周元准备按照自己制订的计划做作业，先做语文，再做数学，最后是英语……

周元拿出语文作业，开始写日记。刚开始，周元还非常专注，可没过多久，周元就忍不住抱怨：“写日记是世界上最无聊的事情！我还是先做自己喜欢的数学吧！”

于是，周元把写了一半的日记扔到一边，换成了数学作业。

不一会儿，周元碰到了一道非常难解的计算题，

顿时又没耐心了：“好难啊……我还是先把简单的英语做了吧……”

可是，不出意外，周元很快又觉得英语无聊了。

原本好好的计划被周元打乱了，到头来，周元一样作业也没完成。

既然制订了计划，就应该严格按照计划执行，不能随意改变。如果总是像周元这样，那计划不就失去了意义吗？

注意事项

设定计划前要深思熟虑，不要随心所欲胡乱制订计划。

不要因为自己不愿做、不想做，就轻易地改变计划。

如果在执行计划的过程中发现了一些问题，可以进行适当的调整。

定一个期限

在放暑假的前几个星期，袁浩每天都在告诉自己：一定要早点把暑假作业完成，到时候就可以尽情地享受美好的暑假时光了。可是，当暑假真的来了，袁浩又觉得：反正暑假有两个月，时间还长着呢，总有做作业的时间。

于是，他每天睡到快中午才起床，然后上网、看电视……每天都是这样，做暑假作业的事早就被他抛到了脑后。

很快，暑假接近了尾声，袁浩这才想起来：自己的暑假作业还没做呢！袁浩不得不每天待在家里火急火燎地赶作业，哪儿也去不了。

而林蒙却完全相反，在放暑假之前，他就给自己定了一个期限：从放暑假的那天开始，每天做5页，一个月之内做完。所以，林蒙早早地就把作业做完了，余下一个月的时间，想去哪儿玩，就去哪儿玩。

如果是你，你是选择像袁浩一样“先甜后苦”，还是和林蒙一样“先苦后甜”呢？

自控力不强的人，无论做什么事情，都需要给自己定一个期限，规定自己一定要在这个期限内完成，否则只会越拖越久，到头来什么事都做不好。

设定期限的意义

- 增加自己的紧迫感。要知道，有压力才有动力。
- 培养自控力，主动完成任务。

我是坚强的鸵鸟

当遇到困难或挫折时，有的人会选择勇敢地面对，而有的人则选择逃避。人们常常把后者称为“鸵鸟心态”。

长久以来，人们总认为，鸵鸟遇到危险，就会把头埋进沙子里，以逃避危险。实际上，我们都误会了鸵鸟，它们在遇到危险时，并不会把头埋进沙子里；相反，它们会依靠强有力的双足，奋力地奔跑，以躲避危险，奔跑的时速能达到70千米。即使没有成功逃跑，它们也能施展拳脚功夫与敌人搏斗——它们双足的力量足以杀死一头成年的雄狮！

所以，当我们遇到困难和挫折时，千万不要选择躲起来。躲避是一种懦弱的表现，并不能解决任何问题。而勇敢地面对，反而会给自己赢来成功的机会。

当有人问我们："你要做鸵鸟吗？"我们可以大声地告诉他们："即使要做鸵鸟，也不做把头埋在沙子里的鸵鸟，而是做一只坚强的鸵鸟！"

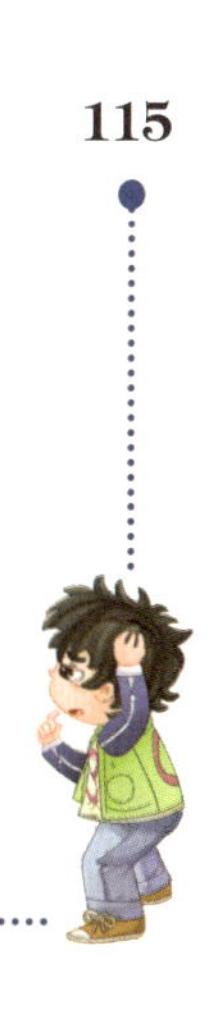

你喜欢依赖吗？

在家里，袁浩依赖妈妈；在学校，袁浩喜欢依赖老师和同学。碰上稍微有点困难的事，袁浩就不愿动脑筋，把难题扔给别人。你也和袁浩一样，是一个喜欢依赖别人的人吗？

来做一个测试吧：

1.如果没有他人的建议，对于日常生活里发生的事不能做出决策。

2.总是希望别人为自己做大多数的重要决定。

3.明知他人错了，也随声附和。

4.独立行动能力很差，很难单独按照计划行事。

5.为讨好他人，过度容忍，甚至放弃原则，做自己不想做的事。

6.害怕孤独，独处时有不安和无助感。

如果上面的条件你全部符合，那你可能是一个依赖心理很严重的人。过于依赖别人，很容易形成懒散、不爱思考的坏习惯，甚至丧失独立自主的能力。

而且，一旦养成依赖的坏习惯，就很难克服和摆脱。所以，从现在开始，就下定决心去改变自己吧！

克服依赖心理的有效方法

◆在家里，自己洗袜子、洗鞋子、叠被子、整理房间等，从点滴小事做起，不再凡事都依赖爸爸、妈妈。

◆锻炼自己的独立性，独自去超市，独自乘车去学校，独自去参加夏令营……一个人能做的事情实在太多啦！

◆在学校，作业尽量独自完成。遇到难题先自己想一想，把“请求帮助”设定成你万不得已时的选择。

◆和同学聊天，或讨论时，不要再人云亦云啦，尝试着说出自己的独特见解，让大家刮目相看吧！

困难，自己解决！

每天放学回家，袁浩都要经过一条斜坡。

这天，袁浩走到这条斜坡时，看到一个坐着轮椅的男孩，双手用力转动着轮椅，正缓慢地将自己推上去。

袁浩赶紧走上前，伸出双手，关切地说：“让我推你上去吧。”

“不不不，多谢你的好意，但是不用，我可以自己上去的。”男孩摇摇头，喘着气说。

“可是……”袁浩有些犹豫。

男孩笑着说：“我每天都要经过这里，你不能每天都来帮我吧，哈哈。所以，我得靠自己上去。”

袁浩看着

男孩，他鼻尖的汗珠闪着光，他的笑容是那样灿烂，他用力地转动着轮椅，突然身后好像多了一双翅膀……于是，袁浩默默地收回了双手。

是呀，谁能帮谁一辈子呢？随着时间的推移、年龄的增长，父母会老去、老师会离开，没有谁能一直陪在你身边。

男孩们总要长大，学会独立去拼搏，一步一步走向真正属于自己的人生。所以，无论遇到什么样的困难，都先尝试着自己去解决吧！

· 世界上最坚强的人就是独立的人。——［挪］易卜生

· 路要靠自己去走，才能越走越宽。——［法］居里夫人

· 眼前多少难甘事，自古男儿当自强。——李咸用

· 我们一定要自己帮助自己。——［德］霍普特曼

我有一个好榜样

中午，袁浩正趴在桌上赶作业。下午上课之前必须得交上去，不然就会被老师留校了。

“林蒙，你不写作业吗？”袁浩抬头，见林蒙正悠闲地看着课外书，不解地问。

林蒙笑着说：“我早就写完了。”

“啊？”袁浩瞪大眼睛，难以置信，“老师上午才布置了作业，你已经做完了？你什么时候做的啊？”

林蒙点头道：“我抽出课间时间做的，三个课间就做完了。”

袁浩向他竖起大拇指，心悦诚服地说：“你太厉害了，哪像我，课间就顾着玩。我得向你好好学习，要是早些把作业做完，就不用这么赶了。”

果然，有了林蒙做榜样，袁浩学习时自觉了很多，许多作业都能提前完成，不用等到快交的时候才急着赶作业。

你身边有自控力超强的同学吗？跟他们学习，你也能变得很有自控力哟！

榜样力量

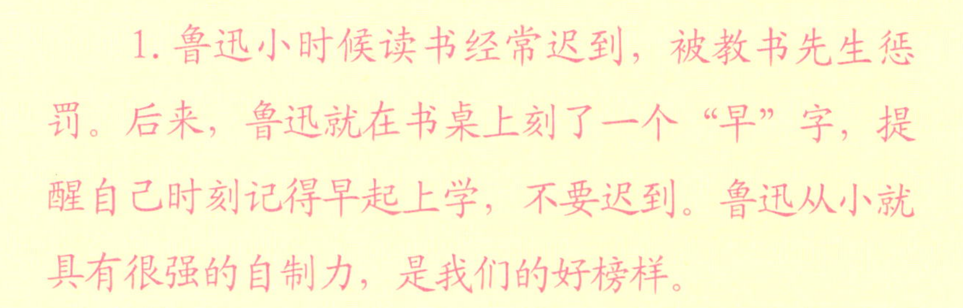

1. 鲁迅小时候读书经常迟到，被教书先生惩罚。后来，鲁迅就在书桌上刻了一个“早”字，提醒自己时刻记得早起上学，不要迟到。鲁迅从小就具有很强的自制力，是我们的好榜样。

2. 越王勾践回国以后，为了提醒自己不忘在吴国所受的苦难和耻辱经历，在自己的屋里挂了一只苦胆，每天都要尝尝苦味。他在隐忍中慢慢积蓄力量，一举复国，为后人称道。

梦想非得说出来吗？

“我要进学校的棒球队！”袁浩信誓旦旦地说。

袁浩第一次说出自己的梦想时，大家还会充满敬佩地对他说：“你真厉害呀，我很看好你，要加油哟！”

听到大家的话，袁浩心里别提多自豪了。

可是，袁浩说一次两次也就算了，当他说了几十遍上百遍时，大家都不把他的话当一回事了。

“我要进学校的棒球队！”

当袁浩又一次大声宣布时，周元忍不住说：“你都说了无数遍了。可是，你到现在连棒球都还没摸过呢。”

袁浩支支吾吾地说：“这……这不是最近很忙嘛。反正，我一定会进棒球队的！”

不过，这一次，大家都不再相信他了。因为大家都觉得袁浩就是嘴上说说而已，根本不会付诸行动。

每当袁浩拥有了一个很棒的梦想时，第一反应就是大声地告诉别人，好像希望全世界的人都知道。

梦想非得说出来吗？也许，把梦想说出来，能获得别人的赞美和鼓励，能让自己感到更自信。可是，如果一味地沉浸在别人的赞美声中，却不付诸行动，梦想反而会变得更难实现！

别总把梦想挂在嘴边

- 不要在意别人的看法和赞美，因为梦想是自己的。
- 只有经受住这些赞美的小诱惑，才能摘取成功的大果实。
- 把雄心壮志放在心里，当一举成功时，一定会让所有人刮目相看。
- 懂得默默努力的人，内心一定有非常强大的意志力。

我要先走一步

一大早，袁浩走进教室，就看见马克趴在桌子前，正在认真地涂涂写写。

“干吗呢？”袁浩问。

“我在写期末考试的复习计划呢。”马克没抬头。

“复习计划？”袁浩诧异地看了他一眼，“离考试还有一个多月，还早着呢。”

“不早了。我复习速度慢，想要复习充分，取得好成绩，只好先行一步，从现在就准备喽。”马克淡淡地说。

袁浩心里由衷地佩服马克，如果换作是自己，肯定得等到考试的前一天，才会临时抱佛脚。

如果你的能力比不上别人，就要比别人先行一步。别人玩的时候，你开始向前走；别人开始向前走的时候，你小跑前进；别人开始小跑前进的时候，你快速跑；别人开始快速跑的时候，你向前冲刺。因为你比别人先行了一步，因为你走在了别人的前面，你成功的概率就比别人多了一成！

那么，让我们勇敢地走在别人的前面，主动地迎接各种挑战吧！勤能补拙，只要比别人先行一步，“笨鸟”也能飞在前面。

走在别人的前面

★ 别的同学考试一周前开始复习，你可以一个月前就着手复习。

★ 别的同学花10分钟背完一篇课文，你可以提前1小时多读多写几遍。

★ 别的同学清晨踩点进教室，你可以提前半个小时报到，利用早晨的好时光读读课文、背背单词。

★ 别的同学还在看漫画、读小说时，你可以读一读中外名著，看一看时事新闻，提早增长见识，开阔视野。

我的手表快5分钟

体育课前，袁浩和林蒙在更衣室换上运动服。林蒙把电子手表摘下来，放在桌子上。

袁浩不经意地看了一眼，又看了一眼自己的手表，笑道："林蒙，你的手表怎么快了5分钟？"

林蒙笑呵呵地说："没事，是我故意往前调了5分钟呢。"

袁浩疑惑地问："为什么啊？"

原来，前段时间天气变冷了，早上，林蒙窝在暖和的被窝里

不肯起床，接连好几天都上学迟到了。为了避免自己再迟到，林蒙故意把闹钟的时间调快了5分钟。这样一来，林蒙再也没迟到过。

渐渐地，林蒙无论做什么事，都会提前5分钟准备。

5分钟，对于生命的长河来说，无疑是短暂的一瞬。但是，如果每天提前5分钟起床，提前5分钟走进教室，提前5分钟做作业……我们可以利用这么多5分钟，做很多事情。

提前5分钟，是一种积极的生活态度，是一种向前的姿态。时间老人是最公正的，我们也将因此获得更多的成功机遇。

5分钟，你能做什么……

- 什么事都能提前做好准备。
- 悠闲地走在上学的路上，欣赏沿途的风景，呼吸早晨清爽的空气。
- 比赛提前5分钟到达，和朋友们聊聊天，舒缓紧张的心情。
- 提前到达约定地点，在别人眼中成为一个守约守时的人。

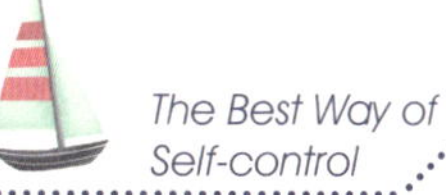

准备好了吗？

这个周末，袁浩要和家人一起去短途旅行。前一天晚上，妈妈告诉他："要提前把东西准备好，别等到出发前再收拾。"

"好啦，我都知道了。"正在玩游戏的袁浩头也没抬，根本没把妈妈的话放在心上。直到第二天早上临走前，袁浩才手忙脚乱地往背包里塞东西。

等到了车上，袁浩一拍后脑勺："哎呀，我的游泳镜忘拿了。"

过了一会儿，袁浩大叫："哎呀，我的望远镜也忘拿了！"

妈妈顿时气不打一处来："早让你准备好，你不听，搞得现在手忙脚乱的！"

结果很明显，袁浩在唉声叹气中结束了这次旅行。早知道就该听妈妈的话，不过这会儿后悔也来不及了。

如果平时做事没准备，养成了什么事都临时处理的习惯，事情往往会被处理得一团糟。特别是到了考场上，什么都没准备好，那得浪费多少考试的时间呀！

所以，无论做什么事，都应该提前做好准备，这样才不会手忙脚乱。

提前做好准备

☆ 考试前，准备好文具、草稿纸，以及满脑子与考试相关的知识点。

☆ 前一天晚上就将作业、书本、文具等全都放进书包里，并将其他要带的东西放在最显眼的地方。

☆ 参加任何活动前，准备好着装和相关用品，提前到场，万无一失。

☆ 参加任何比赛前，提前彩排、演练几遍。

时间排得太满啦!

课余时间，同学们聚在一块聊天、玩闹，只有马克坐在座位上认真写作业。

周末，大家都出去玩了，马克却在房间看书学习。

当别人在玩的时候，马克都在认真学习。每天，马克都将自己的学习时间安排得满满当当，没有一丝松懈。

按理说，马克这么努力，学习一定很好才对。可是，到了考试，马克的成绩却只有中上等的水平。这是为什么呢？

其实原因很简单。长时间的埋头苦学，会使人感到疲劳，注意力下降，学习效率自然没法提高，甚至还会使人产生厌学情绪，最后的结果自然是得不偿失啦。

学习应该劳逸结合，合理地安排自己的学习时间，不要把时间排得太满，给自己制造太大的压迫感和紧张感。在学习之余，抽出一点时间，适当地放松自己吧！尤其是课间，更应该站起来活动一下，才能以更好的状态投入到新的学习中去。

学习太累时……

- 空出时间，允许自己发呆、思考、奔跑、嬉笑……
- 每学习30分钟，就给自己10分钟时间休息。

成功了，乘胜追击！

袁浩正在观看一档知识闯关类节目。闯关选手已经闯到了最后一关，只要他答对最后一道题，就能获得1万元现金大奖。但如果回答错误，他将一无所有。

“如果你现在选择放弃，前面获得的5000元奖品全都是你的。”主持人对闯关选手说。

闯关选手有些犹豫了。过了一会儿，闯关选手抬起头，眼神坚定地说：“不，我要继续闯关。”

最后一道题目出现在大屏幕上。

一定要答对啊！电视机前的袁浩也为他捏了一把汗。

果然，闯关选手凭借着自己的实力与自信，答对了最后一道题！

太棒了！袁浩忍不住为他鼓掌。

在前往成功的道

路上，我们会面临很多选择，也会经历很多小成功的诱惑，我们也应该像这位选手一样，不要只关注眼前的成功和利益，未来还有更高的目标，等着我们继续挑战，不断地突破自己。

也许有人会说，在继续挑战的过程中，并不是所有人都会成功，甚至可能会惨败。但是，这并不是阻碍我们继续前进的理由。路漫漫其修远兮，吾将上下而求索。在人生道路上，我们应该激流勇进，乘胜追击，人生的旅程才会更加精彩。

我们要做的事

- 完成一个目标，乘胜追击，为自己设定新的目标，不断地挑战自己。
- 在前往成功的道路上难免会遭遇失败，没关系，大不了从头再来。
- 取得小小的成功后，别骄傲，一切归零、轻装上阵，前面有更大的惊喜在等着我们呢！

第四章

专注和意志力，助你成为更棒的自己

你会休息吗？

一大早，马克顶着两只“熊猫眼”走进教室。袁浩一看，问：“没休息好呀？”

马克点点头，有气无力地说：“昨晚看书看得太晚了。”

袁浩拍了拍他的肩膀，说：“什么时候不能看书呀，还得熬夜看。注意休息啊，休息不好，上课没精神。”

果然，刚上课时马克还能强撑着精神听课，可没过多久，他就开始犯困了。别说听课，连眼皮儿都打不开了。好不容易等到下课，马克一头栽在桌子上，呼呼大睡起来。

我们每天都要上课，每天都要学习新的知识。如果休息得不好，头脑昏昏沉沉，一整天都打不起精神，学习起来就会很吃力，学习效率就会降低，学习进度也就给耽误啦。

只有休息好了，才有精力去面对各种各样的问题，才能更好地管住自己呀。

你知道如何休息吗？

- 休息好不是睡得越多越好。每天睡6～8个小时是最科学的睡眠时间。睡得越多反而会觉得越困，甚至头疼。

- 让大脑放松的方法不仅仅是睡觉。学习之余，还可以选择与朋友聊聊天，出去走走，打打球等。

- 熬夜最伤身。尽量保证自己每天晚上10点30分之前就要入睡，睡觉前听一听轻音乐，能帮助你更快入眠。

你是一个专注的人吗？

小测试：你是一个做事专注的人吗？测试一下吧，下面七项中，你能做到几项呢？

1.做一件事情时，常常觉得时间过得很快。

2.听课时不走神，能认真听老师讲课的内容。

3.看书时经常看得入迷，忘了时间。

4.做作业时，不理会窗外的吵闹声。

5.即使是在吵闹的教室里，你也能静心学习。

6.只要你下定决心做一件事，就能很快集中精神。

7.每做一件事都要完成后，才会去做其他的事情。

测试结果

只能做到其中的一两项：警钟已经敲响了，你是一个注意力不集中的人。赶紧抓紧时间，训练自己的专注力吧！

只能做到一半：你刚刚达到及格线。现在的你面临两种选择：一是有意识地训练自己的注意力，经过努力，你会成为一个做事更专注的人。二是保持现状，那么你很快就会成为一个做事漫不经心的人。

全部都能做到：你的专注力很强，善于集中注意力，在同学中常常以“高效率”著称。要继续保持下去哟！

提升注意力

袁浩最近很烦恼。临近考试了，他越想认真学习，却越无法集中注意力。有时候，看书看着看着，就会想到别的事情。

这天，袁浩照样拿出课本复习。刚开始，袁浩还能看得进去，可是没过多久，袁浩就被窗外的嬉闹声吸引了，眼珠子滴溜溜地转着，哪里还顾得上看书呢。

妈妈看到他一心二用，关切地说：“你这样看书，恐怕看一天也学不到什么。看完书了再出去玩不是更好吗……”

袁浩苦着脸说：“我也想认真点啊，可是不知道为什么，外面一点吵闹声就能分散我的注意力。”

你是不是也和袁浩有同样的经历呢？想投入学习，却总是容易分心。哎，有没有什么好方法，能快速提升注意力呢？

到底怎样才能提升注意力呢？

- 休息好，保持精力，养成良好的学习习惯，是提高注意力的关键。
- “随它去吧”和“回到这里”。受到外界干扰，无法专心时，告诉自己“随它去吧”；放松一下，做一次深呼吸，告诉自己“回到这里”。
- 对于注意力不容易集中的人，选一个安静、舒适的环境很重要。
- 保持轻松的心态。别把考试成绩看得太重，一分耕耘，一分收获，相信自己只要平日付出努力了，就必然会有好的回报。这样一来，学习时心情就能保持轻松和愉快，注意力自然容易集中。

静下心来吧！

袁浩有一个习惯，就是喜欢一边听歌一边写作业。为此，妈妈说过他好多次，可他就是改不过来。也许有人要问，这不是好习惯吗？听歌不仅可以放松心情，说不定还能提高学习效率呢。

可是，袁浩听的歌并不是轻柔、舒缓的轻音乐，而是一些重金属的摇滚和流行乐。嘈杂、吵闹的音乐传进耳朵，搅得人精神异常亢奋，哪还能一心一意地学习呀？

很多人都喜欢一边写作业，一边做其他的事，也许这样做能让学习变得没那么枯燥，可毕竟一心不能二用，达不到一心做一件事的效率。

我们常常抱怨，电脑、游戏、漫画等外界的干扰让我们越来越无法全身心地投入学习。可是，你有没有想过，其实最主要的原因在于自己没有足够的自控力，无法拒绝这些诱惑，静下心来认真学习。

你喜欢一边听歌一边写作业吗？你学习时总是想着玩游戏、上网吗？你会一边看书一边吃东西吗？如果你发现自己总是无法静下心来，那就停止这些行为，不要再一心二用啦！

让心静下来的方法

★ 保证环境的安静。

★ 在书桌上放一杯水，除此之外，再也不要放其他与学习无关的东西。

★ 晚上，在柔和的灯光下学习。

★ 心情浮躁时，适当地休息。

★ 写作业时不弯腰驼背，保持正确的学习姿势。

★ 在家学习时可以放一点轻缓的，不带歌词的轻音乐。

其实很简单

晚上，爸爸突发奇想："袁浩，我教你炒菜吧？就学一个最简单的，酸辣土豆丝。"

袁浩的头摇晃得像个拨浪鼓："我可不可以不学啊？我连菜都切不好呢。"想到要把一个大土豆切成一条一条的细丝，还得粗细均匀，袁浩的头都大了。

爸爸大手一挥，道："没事，有你老爸在呢，怕什么。"

爸爸右手拿着菜刀，左手压着土豆，将土豆切成了片，对袁浩说："你看，切丝时手指中间的关节抵住菜刀，就不容易切到手……"

不一会儿，土豆片就在老爸的手下变成一条条均匀的细丝。

老爸把菜刀递给袁

浩，说：“来试试。先别急，切慢一点。”

袁浩接过菜刀，在老爸的指示下，慢慢地切下去。果然，没过一会儿，一小盘整齐的土豆丝出现在眼前。

袁浩心里别提多高兴了：哈哈，原来切土豆丝这么简单呀！

老爸笑呵呵地说：“怎么样，不难吧？很多事看着难，但是只要你试着去了解，找到正确的方法，你就会发现它们其实很简单哟。”

是啊！其实做很多事情，就像切土豆丝一样，看上去很难的，可是真正做的时候就会发现，只要踏出第一步，找到了诀窍，做起来就没那么难啦！

当你觉得一件事很困难，想放弃时……

- 告诉自己：试着去尝试一次，反正也不会有什么损失嘛。
- 之所以觉得某件事很困难，是因为我们对它不够了解。试着去了解，去学习，找到其中的规律。
- 找到解决困难的正确方法。就像切土豆丝，如果一顿乱剁，永远都切不出丝。只要找对方法，就会越来越顺手。

我才不要迁就自己

“学习好累呀，放松一会儿再做吧。”

“就这样吧，我已经做得很好了。”

“不想做了，该休息了。”

“做作业前，先玩一盘游戏吧。”

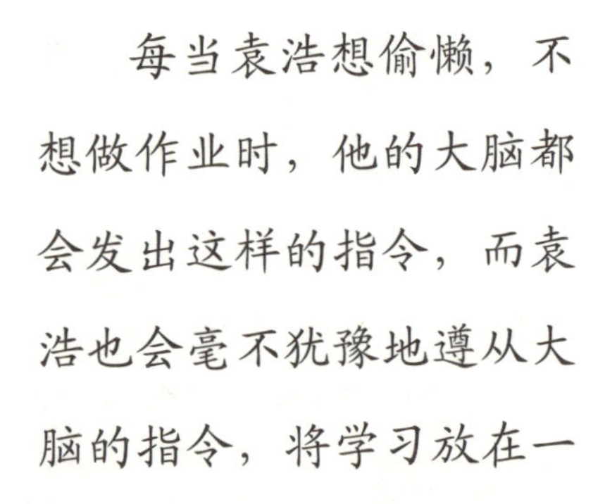

每当袁浩想偷懒，不想做作业时，他的大脑都会发出这样的指令，而袁浩也会毫不犹豫地遵从大脑的指令，将学习放在一边，去做自己想做的事。

哎，难道只要遇到我们不想做的事，我们就要迁就自己不去做吗？

可是，学习和生活并不是充满了乐趣的，难免会有很多枯燥、麻烦的事，比如累积如山的习题册，比如厚厚一沓让人神经紧绷的试卷，比如一道道复杂难解的数学题……

面对这些不想做，却又不得不做的事情，你能说不做就不做吗？如果迁就自己不去完成，那我们的学习和生活一定会变得一团糟。长此以往，我们只会变得懒散，不思进取，动不动就放弃。

所以，面对重要的事，我们必须严格要求自己，绝不迁就那个想放弃的自己。

不能胜寸心，安能胜苍穹？——龚自珍

解释：如果连自己的心都抑制不住，怎么能战胜客观世界？

躬自厚而薄责于人。——孔子

解释：严于律己，宽厚待人。

祸生于懈惰。——出自《韩诗外传》

解释：一个人懒惰，放松要求自己，便有祸患了。

创造力，让你更投入

周末，妈妈把一些废弃的纸箱、塑料瓶装在一起，准备卖掉。

袁浩看着妈妈面前的废品，突然脑海里蹦出一个绝妙的主意。

“妈妈，我听说可以用废弃的罐子做成各式各样的花盆，用来种花草呢！不如我们试一试吧！”

说行动就行动，袁浩立刻拿出纸笔，把自己的想法记下来：废纸箱可以做成吊篮、花盆，泡沫盒可以用来种太阳花，可以把

大可乐瓶横向剪开，撒一些夜来香的种子……

袁浩的脑袋里不断冒出新的想法，时间也在他的热情和想象中匆匆流逝。在妈妈的帮助下，当他将自己的想象变成现实，用废弃物做出了好几个精致的手工花盆，再抬头看时间时，已经下午五点多了。

原来，一旦发挥出自己的想象力，投入到创作中去时，时间会过得这么快呀！那么我们在学习和生活中，是不是也应该培养自己的创造力，发挥自己的想象，让自己变得更投入呢？

让想象力飞起来！

- 多动脑，多思考，凡事多问个“为什么”。
- 不要让想象变成空想，而是要动手创造，从实践中获得想象的乐趣。
- 脑海里冒出一个想法时，就马上去做，不要犹豫。
- 让想象天马行空，不要约束自己的想象力。

别心存侥幸

星期五放学前，老师特意嘱咐大家：“回家后一定要把要求背诵的课文背熟，下星期抽查。”

整个周末，袁浩要么看动漫，要么玩游戏，根本没把老师的叮嘱放在心上。

“我运气很好呢，也许根本不会抽查到我！”袁浩安慰自己。

星期一很快到了。老师走进教室，问：“上周要你们背诵的课文会背了吗？”

“会背了！”同学们异口同声地回答，只有袁浩心如擂鼓。

“那我现在开始抽查。”老师在教室里扫视了一圈。袁浩赶紧低下头，在心里默念：千万不要叫到我，老天保佑……

“袁浩，你来背一下《古诗五首》。”老师的话像雷声，彻底打消了袁浩的“侥幸心理”。

糟糕！这几首诗他压根就没背过！

在大家的注视中，袁浩硬着头皮，站起来，支支吾吾地说：“我……我不会背……”

有多少人像袁浩一样总是抱着侥幸心理，相信运气呢？做任何事情，能逃避的尽量逃避，能钻空子的尽量钻空子。比如在背书、做练习时不认真完成，而是“祈祷”不被老师抽查；在集体活动中偷懒，坐享其成，还庆幸没被人发觉……

可是如果总是把“侥幸”拿出来当挡箭牌，一旦养成了习惯，就会变得懒散、喜欢逃避、没有责任心，给生活带来种种问题。

侥幸只是一种自我催眠罢了。真正有实力、脚踏实地的人是不需要侥幸的，因为他们更相信通过自己努力所取得的成就。

消除侥幸心理

☆无论做什么事情，都要保持警惕，不能松懈。

☆小细节也要注意。即使只是出现了一个小小的问题，也要认真检查并解决。

☆踏踏实实地做事。一劳永逸和天上掉馅饼的事情是不会有的！

☆三分天注定，七分靠打拼。只有通过努力得来的东西才是最永久的。

清晰的思路

袁浩和林蒙在一起写作文。林蒙正在草稿纸上写作文提纲。袁浩扫了一眼，嘀咕道：“写作文还打什么草稿呀，直接写不就好了吗？多浪费时间。”

林蒙笑了笑，没说话。

半个多小时后，林蒙的作文写完了，而袁浩才写了一半。

“你怎么写得这么快？”袁浩瞪大眼睛，疑惑地问。

“因为我拟了提纲啊！”林蒙说。

你写作文时有拟提纲的习惯吗？如果像袁浩一样，想到什么就写什么，很可能让自己的脑子乱成一团，最后写出来的作文也像流水账一样。

而在写作文之前，先拟好提纲，能明确你的写作思路。当你知道自己要写什么之后，就能避免在写作的过程中写偏或跑题，这样写出来的作文主旨也更突出。

在生活和学习中，不仅仅是写作文，在做其他事之前，也应该有清晰的思路和计划，这样才能达到事半功倍的效果。

如何做到思路清晰？

- 做事前多想多思考，让自己的思维更开阔、清晰。
- 不要想到什么就做什么，先制订一个明确的计划。
- 分清事情的轻重缓急，一件件梳理清楚，避免一团乱麻，难以下手。
- 每天放学回家后，对自己的学习进行总结，查漏补缺。

找方法，不找借口

试卷顶部的成绩位置上赫然出现一个鲜红的分数——75。

“怎么退步了这么多？”妈妈皱着眉头问。

袁浩摸摸头，笑嘻嘻地打马虎眼：“老师说了，这次考试很难，我们班很多人都没考好。”

妈妈扫了他一眼，严肃地问：“是试卷太难，还是你太粗心了？”

袁浩摸摸鼻子，小声嘀咕：“好嘛，这次是我有点粗心了。可最主要的原因还是题目太难了！”

如果考试考得不好，我们常常会说“试卷太难”“时间太短”，甚至埋怨“老师没讲过这一题”，为自己的失败开脱。可是，这样的借口能搪塞别人，却骗不了自己。

无论面对什么样的失败，我们都应该先从自己身上找原因，比如为什么这道题自己不会做，但是别人就会做呢？为什么别人的时间够用，自己却不够用呢？为什么对于老师没讲过的题，别人能举一反三，自己却不能呢？

要记住，真正的成功者，永远不会为自己的失败找借口，只会为自己的成功找方法。

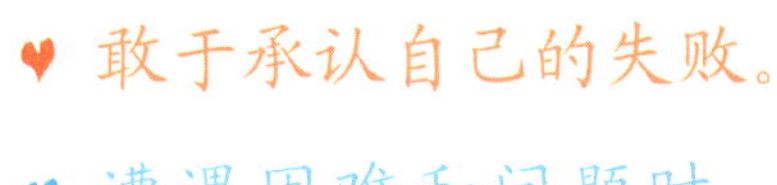

- 敢于承认自己的失败。
- 遭遇困难和问题时，多角度思考，主动寻找解决方法。
- 回避和辩解是缺乏责任心的表现。
- 在失败中汲取经验和教训。

集体的力量

运动会的最后一项是接力赛。袁浩是第二个接棒选手。

袁浩站在跑道上，心中思绪万千：自己跑步速度不快，会不会拖班级的后腿？如果被对手超越了该怎么办？我该怎么把接力棒准确地递给下一个人呢？

眼看着第一棒的选手越来越近了，袁浩紧张极了，手心都在冒汗。

就在接力棒伸向袁浩时，不知怎么了，袁浩手一滑，接力棒掉在了地上。而在袁浩捡起接力棒的瞬间，旁边的选手飞快地超越了他。

“糟糕！”袁浩急得满头大汗。可是，袁浩发

现自己越着急，就越跑不快。

就在这时，看台上传来一阵阵雷鸣般的呐喊！

“袁浩！加油！”

“袁浩！加油！”

在同学们的加油声中，袁浩的血液都要沸腾了。为了集体的荣誉，他鼓起勇气，奋起直追！

5米、4米、3米、2米……不知道哪里来的力气，袁浩渐渐地超越了对手，将接力棒准确地交到了下一棒选手的手中！

这一刻，袁浩开心地笑了，他相信，这是他跑得最快的一次！

集体是培养意志力的巨大能量库！

- 集体的鼓励和支持能给你带来前所未有的勇气和力量。
- 面对集体的荣誉，你会充满荣誉感，变得更加自信。
- 集体的舆论会给你带来压力，成为你前进的催化剂，让你变得更加努力。
- 培养团队意识，和集体一起进步，你会发现，再大的困难也能轻松解决。

已经做到最好了吗？

“这次考得怎么样？”爸爸问。

“考得还不错，全班第二，全年级第七。”林蒙说完，脸上露出掩饰不住的得意和喜悦。

“确实很不错。”爸爸点点头，看着林蒙说，“你觉得你做到最好了吗？你认为自己还有没有进步的空间？”

林蒙愣住了，是呀，还有全班第一、全年级第一的目标在等着自己呢！而且，考试时自己并没有认真检查，以至于错了一道基础题……这样想想，自己确实还没有做到最好呢！

从那次以后，即使取得再大的成功，林蒙也没有骄傲自满过，更没有停止继续努力的步伐。他总是鼓励自己：还能做得更好！

很多时候，我们总是觉得已经做到最好了。可是，当我们攀上一座高峰时，会发现远方的山更高；当我们跨过大江大河时，会发现远处的海更宽；当我们咬咬牙，再加把劲时，会发现自己还有潜力，很多事都能做得比自己预想的要更好呢！

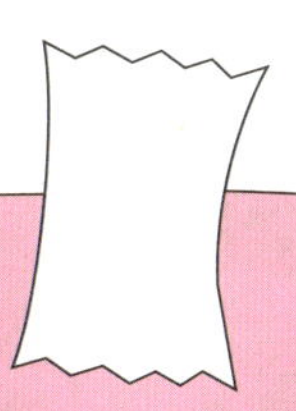

没有最好，只有更好！

- 不要停止追求的步伐。当我们获得成功时，享受片刻的喜悦，就调整状态，向更高的目标前进吧！
- 试着挑战极限，挑战自己想做却不敢去做的事情（这里可不包括违法违纪、危险的事）。
- 激发自己的潜能，不断地突破自己。
- 和自己比赛，告诉自己：今天要做得比昨天更好。

懒惰，再见！

“丁零零……”刺耳的闹钟打破了清晨的宁静，袁浩迷迷糊糊地睁开眼。

每到这个时候，袁浩就觉得自己的身体不受控制了。袁浩的大脑不停地告诉自己：该起床了，再不起床就要迟到了。可是，身体里却还有一个声音在说：别着急，再睡5分钟，被窝里多暖和呀。

这并不是袁浩的身体不受控制了，而是袁浩的意志力在和懒惰作斗争。如果袁浩立刻起床，那说明他是一个意志力坚定的人；如果他继续睡觉，那说明他的懒惰心理占了上风。如果再不注意，很可能会养成懒惰的习惯，以后想要早起就更困难了。

每个人的身体里都住着“懒惰”这个小恶魔。懒惰不仅浪费时间，还会使人丧失进取心。人一旦开始懒惰，就会成为制造借口和托词的专家，无论做什么事情都会存心拖延和逃避啦。

想要克服懒惰是一件很困难的事，因为只要稍微放松警惕，懒惰就会乘虚而入。但是只要你决心与懒惰“分手”，持之以恒，那么，灿烂的未来就是属于你的！

- 认识到懒惰的危害，每当想要犯懒时，给自己敲一敲警钟。
- 检查自己的懒惰有哪些表现，并分析产生的原因，对症下药。
- 经常做一些难度较小或你喜欢做的事情，从中获取充实感和成就感，培养自己的行动力。
- 根据实际情况，合理安排时间和计划。不要好高骛远，或过分苛求自己。避免因为无法达到目标而受到打击，消磨意志，产生惰性。
- 把一件复杂的事情拆成几个部分去完成。

每天半小时

周末的早晨，空气清爽，鸟鸣悦耳。袁浩正绕着楼下花园晨跑，迎面碰到了下楼买早餐的邻居李阿姨。

李阿姨笑呵呵地说：“哟，浩浩，这么早就起来锻炼身体呀。怎么不趁周末多睡会儿呢？”

袁浩不好意思地摸摸头：“我以前老是贪睡，现在觉得那太浪费时间了，还不如起来锻炼。”

现在，每天早晨，袁浩都会到楼下慢跑半个小时，已经坚持了一个多月。

渐渐地，袁浩养成了晨跑的

习惯。这样不仅身体得到了锻炼，更重要的是，他还养成了坚持不懈的习惯，做事比以前更有耐心了，半途而废的毛病也改了过来。

那么，你也像袁浩一样，试着选一件有意义的或者自己喜欢的事情，每天都坚持做下去吧！相信过不了多久，你一定能有所收获哟！

不喜欢就不专注吗？

袁浩最讨厌的事就是记英语单词，往往坚持十几分钟，就不想再做了。相比之下，面对自己喜欢的数学，袁浩在桌前坐一个小时都不会感到累。

面对自己喜欢的事情，每个人都充满兴趣，坚持不懈。可是，面对自己不喜欢的事情，却很少有人能集中注意力，坚持到底。但在学习和生活中，并不是所有的事情都是自己喜欢的，很多时候，我们必须得“强迫”自己做不喜欢的事情，这样才能全面成长和进步呀！就像袁浩，喜欢数学，就在数学上花心思，不喜欢英语，就把英语丢到一边，那最后他肯定会严重偏科的。

如果你也能专注自己厌烦的事情，那就说明你是一个具有超强意志力的人。相信无论未来遇到什么困难，你都能勇敢地面对。

那么，面对让自己感到厌烦的事情，如何让自己变得更专注呢？

★ 学会简化复杂的事情。

我最怕背课文了。可是，我发现只要按照课文的内容和思想分解课文，将课文分成一段一段来背诵，就会简单很多！

林蒙

★ 为自己的小成就鼓掌，增强自信心。

虽然我很讨厌写作文，但是自从有一次我的作文得了满分后，我非常有成就感。我发现，写作文好像也没那么讨厌呢！

李琪琪

★ 学会寻找乐趣，提高自己的学习兴趣。

我最不喜欢做数学应用题，可是上次解答一道难题时，我发现它竟然有好几种解法，我顿时有了学习数学的兴趣。

马克

专心做好一件事

袁浩和林蒙跟着特长班的老师学下围棋。袁浩和林蒙各有自己的优点：袁浩头脑灵活，接受能力很强；林蒙做事很踏实，注意力集中。

刚开始学棋时，袁浩和林蒙都认真听讲，很快，就掌握了围棋的基本知识。

但是，学习下围棋的过程是枯燥而漫长的，随着反复不断的练习，两人心里在想些什么呢？

袁浩：通过这一段时间的学习，我有了很大的进步。现在，老师不再教我们新的东西了，只是让我们反复练习，真是太浪费时间了。我还是抽空去学一点别的东西吧。

林蒙：老师之所以会成为围棋大师，是经过日复一日的练习得来的。我要认真听老师的讲解，每天勤加练习，不断提高自己的棋艺。

过了一段时间，袁浩感觉自己的棋艺有所提高，开始有些自满，所以，学习的时候总是分心，想着学习新的东西。而林蒙却仍然认真听老师讲课，虚心学习。

结果不言而喻，一个学期的特长课结束后，林蒙的棋艺精进，连老师也赞不绝口，而袁浩却只学到了一点皮毛。

两人对待学习的态度不一样，取得的结果也自然相差甚远。把意志力用在一件事情上，不要分心，专心致志地去完成，才能取得成功。

成功的两个条件

1.首先要从多方面去尝试。

2.然后选定其中一个目标，竭尽所能去实现。

你能坚持吗？

新学期开学的第一天，班主任给大家布置了一个任务：每天早上，大家都去操场跑两圈。

班主任问："大家能做到吗？"

同学们笑了，才跑两圈，多简单的事呀，有什么做不到的。

过了一个月，班主任问："哪些同学坚持每天早上跑两圈了？"一大半同学骄傲地举起手。

又过了一个月，班主任问同样的问题。这次，坚持每天跑两圈的人只剩下一小半了。

第三个月过去了，班主任再次问大家："请告诉我，每天跑两圈，有谁坚持下来了？"这时，没有一个同学举手。

其实，世界上最简单的事情就是坚持，最难的事情也是坚持。为什么这样说呢？说它容易，是因为只要愿意去做，人人都能做到；说它难，是因为很少有人具备坚持不懈的意志力。

问一问自己，你能坚持下去吗？

如何培养坚持不懈的意志力？

· 培养兴趣。

我们往往对感兴趣的事情比较容易坚持，所以让自己对一件事产生兴趣是坚持的前提。

· 坚持不懈需要自觉。

时刻不忘检查、监督自己。

· 寻找精神支柱。

当你不想坚持的时候，不妨想一想父母的辛劳、老师的期盼、朋友的鼓励。

· 意志力需要培养。

从培养一个小小的习惯开始，由易入难，慢慢达到持之以恒。

你有耐心吗？

手工课即将结束，老师催促大家赶快交作品。袁浩和周元磨蹭了好一会儿，最后两个交上作品。

老师看了看两个人的作品，突然问：“同学们，你们觉得谁的作品好呢？”

周元的手工作品数量很多，都是用橡皮泥捏的各种动物，

可是，全都捏得歪歪扭扭的，根本分辨不出是什么动物。显然，周元想捏更多的动物，但是时间不够了。

而袁浩和周元不同，他只捏了一只棕色的马，但是活灵活现，非常漂亮。

同学们毫不犹豫地说："当然是袁浩的好看。"

生活中，很多事并不是做得多就是做得好。就像写作文，字数多并不能说明你的作文写得好，重要的是作文的内容和结构。

投入我们的耐心，用耐心磨炼意志，将有限的精力投入到一件事情上，努力做到最好，比别人用相同的时间做十件不完整的事更有收获、更有意义。

每天进步一点点

- 从身边的小事做起。专心致志，不要考虑时间，先尽力做好。在做好的前提下，把时间慢慢地缩短。
- 做一些能够磨炼自己耐心的事情。比如下围棋、练书法等。
- 在时间紧迫、事情又多的情况下，更不能着急。让自己保持冷静和淡定，一件一件、一步一步去完成。

安静地听完吧！

课间，周元拿着作业本，走到林蒙身边：“我有一道题不会做，想请教你。”

林蒙接过作业本，说：“这道题看着很难，其实用公式进行推算……”

周元眼睛一亮，打断林蒙的话，大声说：“啊，我懂了，不用你说了！”说完，跑回自己的座位去了。

可是，没过一会儿，周元又拿着作业本过来了，苦着脸说：“还是这道题，我已经列出了公式，接下来该怎么算呢……”

林蒙顿时哭笑不得：“谁让你刚才不听完我的话就跑了呢？”

其实，我们也常常做这样的事，比如考试时，还没认真看完作文的命题和相关材料，就急急忙忙动笔，最后写偏题；做作业时，没看清问题，就按照自己的理解去做，最后出了错；帮别人的忙时，还没弄明白别人的请求，就按照自己的想法行事，最后好心办坏事……

这样看来，我们做任何事情之前，都要先认真地了解做这件事有什么要求，需要注意什么，具体应该怎么做。清楚了这些之后，再动手去做，能省去很多麻烦。

适当的紧迫感

房间里的灯亮着，袁浩正坐在桌前看书。

“别看了，该睡觉了。”妈妈经过他的房间。

“我把今天学的知识复习完，马上就睡觉。”袁浩头也不抬地说。

看着认真学习的袁浩，妈妈惊讶极了。要知道，平时妈妈千呼万唤，袁浩也不愿意主动学习，今天怎么像变了一个人呢？

原来，快要考试了，同学们都投入到紧张的复习中。袁浩也不知不觉被这紧张的气氛感染，学习起来比平时更用心了。

每当面临考试或比赛时，总是免不了会有一点紧

张和压力。也许有人会说：面对考试和比赛时，应该保持一颗平常心，放松心情。因为压力过大，或太过紧张，是不利于健康的，甚至可能会让人身疲力竭，发挥失常。

但是，要知道有压力才会有动力，如果生活和学习上太安逸，没有紧迫感，就无法全力以赴。适当的压力和紧迫感，能让人精力充沛、精神专注，能让自己更努力更拼搏，不断进步呢！

紧迫感，帮你增强免疫力

- 每天不忘提醒自己：新的挑战即将到来，千万不能懈怠。
- 告诉自己：我不懂的东西还很多呢！不能因为获得了几次成功，就沾沾自喜。
- 向昨天的自己发起挑战，每天进步一点点。

图书在版编目（CIP）数据

优秀男孩的自控妙方 / 彭凡编著 .—北京 : 化学工业出版社，2016.10（2024.6重印）
（男孩百科）
ISBN 978-7-122-27927-9

Ⅰ.①优… Ⅱ.①彭… Ⅲ.①男性-自我控制-青少年读物 Ⅳ.①B842.6-49

中国版本图书馆CIP数据核字（2016）第203467号

责任编辑：马鹏伟　　文字编辑：李　曦
责任校对：程晓彤　　装帧设计：尹琳琳

出版发行：化学工业出版社（北京市东城区青年湖南街13号　邮政编码100011）
印　　装：北京宝隆世纪印刷有限公司
710mm×1000mm　1/16　印张11　2024年6月北京第1版第20次印刷

购书咨询：010-64518888　　售后服务：010-64518899
网　　址：http://www.cip.com.cn
凡购买本书，如有缺损质量问题，本社销售中心负责调换。

定　　价：25.00元